人は宝、人は財産
私のISO流儀

山岡歳雄

推薦の言葉

『山岡イズム』 ～真実・努力・責任を基本理念に～

自然現象に起因する天災に対し、人間の不注意や怠慢といった過失によってもたらされた災害は『人災』と言われています。本書の著者である山岡歳雄氏（以下「山岡先生」とさせていただきます）は、もともと「災い」の対象は人であるにもかかわらず、人がその行為の主体となる不幸で厳しい現実を、先に上梓された『「人災」の本質　災害・事故を防ぐ44の処方箋』の中で具体的に実例を挙げ、警鐘を鳴らされてきました。本書はその続編として、新たに発生した『人災』を再び「背景」「原因」「今後の対応策」「対応すべき国際規格」「教訓」の順序で解説し、読者が理解しやすいように要点を簡潔にまとめつつも、その発生原因の本質に迫るものです。

実際に災害や事故が発生した場合、その発生状況から原因を分析し、対応策を立て、再発防止を図ることで一つの事象が終結します。これらは組織におけるマネジメントシステムではPlan、Do、Check、Action―いわゆる『PDCA』、組織が継続的改善を図る仕組み―として定義されています。

山岡先生はISO認証機関での品質（QMS）、環境（EMS）、労働安全衛生（OHSAS）の主任審査員として深い知識と、自らの企業経営者としての豊富な経験を基に、経営コンサルタントとして今もなおビジネスの第一線で経営指導を行いながら、一つの事象を俯瞰し、それを単に机上の理論に留めることなく実務経験に裏打ちされた持論として展開されています。そこにはまさに「真実・努力・責任」を基本理念とする『山岡イズム』の原点があります。

本書では人災を多角的に分析するとともにISO規格との関連性を「対応すべき国際規格」として解説し、最後に得られた「教訓」を我々に馴染みの深い諺で強く印象づけるように総括されており、経営管理やISO管理責任者としてその任にあたる私には大いに参考となるものです。

振り返れば山岡先生との機縁は、2014年２月の関東地方を襲った記録的な大雪の日に開催された関東学院大学（横浜市金沢区）での土木工学系学生を対象とする「土木系OBと学生の交流会」で、自画像を描いた大変ユニークな名刺を拝受した後、ISO審査員である先生に弊社がISOの３つのマネジメントシステム（品質「QMS」、情報セキュリティ「ISMS」、環境「EMS」）の認証取得企業であることを説明し、先生からも建設会社でありながらISMSを取得した理由などを尋ねられたことに始まります。

私が山岡先生に人間としての深い魅力を感じたのは、名刺交換後の企業説明で土木を志望する後輩学生に先生が土木技術者としての矜持を熱く語る場面でした。実際に建設業に身を置く者として、また将来の建設業を担う学生を採用する立場として、気が引き締まる内容であり、非常に感銘を受けた記憶があります。

人との出逢いは『一期一会』といいますが、その後、先生には弊社並びに協力業者会共催の安全大会において、「人災の本質（災害・事故を防ぐ処方箋）」をテーマに御講演をお願いし、特にわれわれ建設業に関する災害・事故の発生事例について御講義いただいたり、また、弊社が運用する環境マネジメントシステムの内部監査員養成セミナーの講師についても快くお引受けいただき、短時間にもかかわらず基礎知識から監査実務について丁寧かつ温かいご指導を賜りました。

私が勤めています地崎道路株式会社は、札幌市に本店を置く株式会社ICホールディングスを頂点とする道内最大の建設企業集団、『IC（岩田地崎建設）グループ』において主に全国の道路・空港などの土木舗装事業分野を担い、わが国の重要なインフラの建設・維持修繕を業とする会社です。

弊社の事業の特色としては、国や自治体等の官公庁が発注する公共工事を直接請け負う、いわゆる元請としての工事が多いことが挙げられます。そのため、①高い品質の確保、②労働安全衛生管理の徹底、③環境負荷の低減、④情報セキュリティ対策の強化などが強く求められており、従来にも増して弊社が積極的に取り組まなければならない課題となっています。

建設工事を通じてわが国の社会基盤を支える企業として、これらは社会的要請とも言え、弊社ではそのニーズに応え社会的信頼を得るため、経営管理ツールとして先に述べた３つのマネジメントシステムを導入し、ISOの認証取得をしています。特に情報セキュリティマネジメントシステム（ISMS）は、建設業界における認証取得はごく少数の企業に留まりますが、昨今情報セキュリティ分野では複雑、高度化する情報化社会において、本書でも取り上げられている名簿流出、機密情報漏洩などの事件、事故が後を絶たず、事業の継続性を揺るがす経営リスクともなっています。

弊社では、このような事件、事故には業種の特殊性が存在しないこと、さらには社会的信頼を得るためには「顧客情報を守る」

ことは当然の責務であると判断し、業界に先駆けて導入した経緯があります。

また、弊社が属する建設業界に関連する事例として、前著では「笹子トンネル天井板落下事故」が個別事例で取り上げられていましたが、本書では改めて「正せ!!　インフラ老朽化」として、「橋、トンネル、地下街」に焦点を当て、主に公共事業施行者等に対して『人命尊重の自覚』を求めるとともに「インフラ管理の重要性」と「インフラ運用管理」について国際規格ISO9001、ISO39001のアプローチが有効である、と提言されています。インフラの大規模な更新時期に直面するわが国においては、山岡先生のこの提言はまさに時宜を得たものであり、一つのご見識として深く考えさせられるものです。

本書は建設分野だけではなく、幅広い分野において発生した実例を「人災」の側面で考察することで再発防止、減災に繋(つな)げる提言書として位置付けられる良書です。われわれ一人ひとりが、またそれぞれの組織が不幸な惨事を教訓として、再び同様の事件・事故を繰り返すことなく、安全・安心かつ快適な社会生活を維持し続けるための羅針盤(らしんばん)として、ここに推薦させていただきます。

山岡先生はこのたびQMSエキスパート審査員の登録をされ、ますますご活躍と伺っております。今後とも山岡先生の謦欬(けいがい)に接する機会を通じて『山岡イズム』の魅力を感じていきたいと考えています。

地崎道路株式会社　執行役員管理部長　西 岡 敬 昭

はじめに

人には聞けない

若い人はうらやましい。歳を重ねるとともに自分の専門分野に関連することを「今さら人には聞けない」と思うのは私だけではなかった。

2014年８月22日、みずほFORUM-M８月定例講演会の講師、西村あさひ法律事務所（所員約500人の大手）の弁護士伊藤鉄男氏の講演を約90分間拝聴した。「今さら人には聞けない捜査や刑事裁判の基礎」が本日の話の中身とレジュメに記してあった。多分謙遜してのことだが、いくつか本音かと想像する。本題は「刑事司法の現状と課題～日本の捜査や刑事裁判は信頼できないのか～」だった。

日本の刑事司法は信用できないのか（諸外国との比較）、刑事司法に関する基本的情報（検察を中心に）、刑事司法の現状と課題、まとめに代えて、４章７頁のレジュメに明確に表現されており、その講演を拝聴した。最終章の「まとめに代えて」では「不祥事の絶滅（大阪府警犯罪数ごまかしの他２件の警察の不祥事）」「見せしめにしては度が過ぎる」と言われないように（競馬の払戻金をめぐる脱税事件、アートメイク騒動）、最々終章節では、「どうしたら国民の納得や信頼が得られる警察・検察あるいは裁判所になれるか」（手作りの血の通った捜査・裁判と、分明でわかりやすい捜査・裁判）に関して語られた。すべて納得。

目的をもつ

のんべんだらりとした毎日を過ごしている人にはなりたくない。「……誰もがそう考えてはいるものの、明確に確立し実行している人は４分の１しかいない」。目的を達成するために、期間と数値をもって目標をたてるのは至極当然な行為である。

今度私は、プロフィールに記している職業をさらにグレードアップするために「QMS（品質）エキスパート審査員」の登録を済ませた。この資格の意図するものは何か。今まで交流のあった組織の人々、これから何かのご縁でお会いする組織の人々にアドバイザーとして行動する。同時に、にほんそうけんコンサルタントの仲間（相棒）を審査員やコンサルティングとしての力量向上のために支援（教育）することが主たる責務と思い頑張っていきたい。

※エキスパート審査員制度とは、一般社団法人日本規格協会、マネジメントシステム審査員評価登録センター（JRCA）が「エキスパート審査員（指導審査員）」として設けた新制度で、QMS（品質）またはISMS（情報技術）のJRCA登録の主任審査員が対象。指導者資格であるため要件のハードルは比較的高い。
資格要件：主任審査員として資格更新を２回以上、主任審査員登録した実績が６年以上、審査チームリーダーとして有効な審査実績合計が100回以上あること、OJT指導実績または教育研修実績が合計10回以上、審査機関等の責任者および他の１名（JRCA登録主任審査員）の推薦（すいせん）などが要件として定められている。

本書の特徴

さまざまな失敗、事例とともにいくつかの成功、成長している

「組織の人々」の事例を記述している。いずれも、実際にあった事柄（事実に基づく客観的証拠（しょうこ））を明文化した。

各項は「背景（はいけい）」「原因」「今後の対応策」「対応すべき国際規格」「教訓」の順序で解説。「背景」は、「いつ、誰が、何を、どこで、いくらで、いつまでに、どのような経過があったのか」について記述。

つぎに背景から見えてくる「原因」は人、インフラストラクチャー、環境、情報、資金などの側面から、さまざまな要因を追究（注記：前作の『「人災」の本質　災害・事故を防ぐ44の処方箋（しょほうせん）』における「真の原因」の項は、すべて「人」であることが判明したゆえ、本書は「真の原因」の項は記述しない）。

「原因」から判明した事柄に対応し、災害や事故などを撲滅（ぼくめつ）するために「今後の対応策」として各項に見合った対応策を究明。

究明された対応策を構築し実施するためには、国際規格（ISO）の認証登録が望ましい。それぞれの事項にふさわしい規格は何なのかを「対応すべき国際規格」で示した。１つの規格の場合もあるが複数の規格に該当する場合もある。複数規格の場合は優先順にａ．ｂ．c…として挙げ推奨（すいしょう）した。さらに、規格の種類とともに規格の条項番号、条項項目を記述することにより、使い勝手が良くなったものと自負する。

注記：ISO9001（品質）およびISO14001（環境）に関して

執筆時点ではDIS（「参考図書」参照）であるが、早ければ2015年６月、遅くとも９月にはISO化する。組織は、ISO化した段階から３年以内に新規格に対応したマネジメントシステムを構築し運用しなければならない。DISからFDIS、そしてISOとなるものの、上位構造（共通事項）は2012

年に完成された仕組みがあり、ISMS（情報セキュリティ）およびRTS（道路交通安全）の規格ISO／IEC27001、ISO39001は、上位構造に沿ったマネジメントシステムがすでに完成されている。

以前からの各規格の改訂状況を見ると、DISからFDISそしてISO改訂の経過およびDIS段階における説明会から判断するならば、DISの条項番号・条項項目は変わらない。また、要求事項本文も表現が少々変わるものの、ほとんど傾向としては変わらないことが判明した。そこで本書においては、「ISO／DIS」とせず「ISO」として統一化した。そのほうが、本書を活用される方にとって有効で効率が良いものと思われる。

ステップ5として、過去から言い伝えられてきた諭し、および私の創作ことわざを含めて「教訓」として記述した。「ことわざ的」表現は短文なるがゆえ覚えやすい。ことわざを学び応用するのも一つの知恵である。頭の中に入れ込んだ知識は、ドロボウだって盗むことは不可能である。

目　次

第２章　人は宝、人は財産

序　章

食の安心・安全を誠実に届け続ける三彩食品

(1)　背景

a．組織（会社）概要

1　三彩食品有限会社

・京都市南区上鳥羽塔ノ森東向町25番地の３

・資本金300万円、３月決算

・代表取締役社長谷本健二、取締役会長岡本秀巳（非常勤）

2　会社の理念

2－1「あんしんな商品」

お客様に安心をお届け出来る様に衛生管理に常時心がけています。

・当社では作業場に入るまえには全身殺菌処理し、帽子・マスク・手袋を着用して製造に当たっています。

・全従業員の衛生・健康管理については、定期的に検査・検診をしています。

・製造終了後には、手の届かない所や空気中の殺菌などに対して、オゾン水を霧状に噴射（ふんしゃ）して工場内の隅々（すみずみ）まで殺菌しています。

2－2「あんぜんな商品」

食の安全を第一とし、毎日良質のお米を使用し、産地を明確化し、前日精米したお米を炊きあげています。

・炊きあげたお米については、定期的に殺菌検査を実施し、食の安全に心がけています。

2－3「こだわりのてづくり」

当社では、鉄釜に水とお米を入れてガス火で炊いたご飯がおいしいという理由から、昔ながらの炊き方に「こだわり」を持っています。具材・調味料についても吟味し、三彩の味を追求しています。

・「はじめチョロチョロ、なかパッパ、ふきはじめたら火を引いて、赤子泣いてもフタとるな」のことわざにこだわっています。

2－4「いつでもお届け」

自社の配送システムにより、お客様のご希望の時間帯に納品させていただきます。

・おいしくめしあがっていただくため、配送地域は車で90分以内にお願いしています。

3　会社の沿革

1998年５月　現住所に工場完成、三彩食品の炊事（すいじ）事業スタート

2006年11月　組織変更によりサカ田有限会社の食品部とする（代表取締役　坂田幹男就任）

2007年５月　サカ田有限会社を三彩食品サカ田有限会社に変更する（代表取締役　谷本健二就任）

2008年２月　三彩食品サカ田有限会社を三彩食品有限会社に社名を変更する

【取引銀行】

京都銀行東九条支店　京都中央信用金庫上鳥羽支店

【加盟団体】

㈳日本炊飯協会会員　㈳日本食品衛生協会会員

京都商工会議所会員　京都中小企業家同友会会員

4　取引先

百貨店（京阪神）食料品売場、ホテル、レストラン、食事処、スーパーマーケット、観光地食堂、催事場（さいじじょう）　他

5　Area

京都府、大阪府、兵庫県、滋賀県、奈良県の２府３県。

ただし配送地域（Area）は車で90分以内に限定。

6　季節を彩（いろど）る三彩食品の御飯

6－1　春の御飯

筍（たけのこ）御飯、豆御飯、しめじ御飯、かやく御飯等

6－2　秋の御飯

松茸（まつたけ）御飯、栗御飯、かやく御飯等

6－3　季節の御飯

四季に合わせた炊き込み御飯

※特記：社名の「三彩」は“春・秋・冬”の食材が好ましく、夏の食材はアシが早いのであえてはずされた。

7　試作品づくり

お客様のご要望があれば、満足していただけるまで試作品をお届けし、商品化できるように常に心掛けています。

以上は、言わばイントロ部分ですが、このイントロを述べないことには、この会社と社長の素晴らしいところが語れないために

あえて記述しました。

〔インタビュー〕

谷本社長（以下社長と言う）はとにかく多忙極まる人。したがって、インタビューは都合３回に分けて行う。インタビューの前に、社長との出会いのきっかけとなった非常勤取締役会長である岡本秀巳氏の了解を得てから社長に会う。

b．束ねる社長像

１　1947（昭和22）年８月８日、京都市東山区にて誕生。立命館大学卒。社長の理念は「誠実」（何事にも一生懸命に取り組めば必ず成果がある。想い描いている事柄を実行してこそ夢は叶うものだと信じている）。

２　持病はとくにないものの、あえて挙げれば、「高血圧と胃が痛む」くらいで働くに際しては何ら支障がないとのこと。

※ことわざに「病は気から」、「一病息災」などとあるように、何の病気もない他人よりも常に健康体を保つよう心得て用心すると、現役としていつまでも働ける。

３　家族　母親は癌（悪性腫瘍）で、父親は心臓発作で他界。奥様は同社の監査役。長男（37歳）は大塚商会、長女（34歳）は高島屋京都店の某テナントの店長、次男は同社の生産製品部門に、それぞれ元気溌剌にて勤務。社長は一人っ子だったので、３人の子供を授かることができてとても幸せ。やはり、兄弟（２男１女）がいる家はたまには厄介なこともあるが、楽しいことの方が遥かに多く、計り知れない幸せがある。

4　親に感謝

一人っ子として誕生したためか、両親から大層大事にしてもらった。そのため、「自身の意を貫く」言わば、「頑固一徹」。悪い表現だが、ある意味「我儘（わがまま）」だった。こうした意見をも両親は認めてくれていたことに、大人になり、結婚し、今日に至った自分は反省と感謝をしており、毎日朝晩（あさばん）仏壇には手を合わせ、毎月のお墓参りは欠かさない。

5　社長の姿勢と実践

当社の創業者ではない。1代目は坂田幹男氏で、事情があって現社長（谷本氏）が引き継がれた。引き継いだときは社員5人の小規模企業。建屋の施設は常識を逸脱したまるで町工場のボロ屋建て。就業規則すらなく、残業手当もなく、働いている従業員はそれでも我慢していた。また、当時銀行からの借入れ金は約1,500万円あり、社長の給与も遅れることあり。第一、社員に笑顔が見られなかった。

これでは岡本会長からの依頼といえども、果たしてどうしたものか？　思案するものの、永らく京都の有名ホテルで幹部職の営業（顧客先獲得など）を務めて自信があったので、ホテル業界では他のホテル勤務者との交流も深く、協力を求め、良い食品をお届けすれば、必ず業務拡大ばかりでなく売上も利益も得ることと思うようになった。大学の先輩にあたる岡本会長には、当時勤務していたホテルをよく利用してもらい、社長（当時営業支配人）を指命し会合に度々利用してもらっていた。

一方、私は約10年ほど前、私の所有する住居を会長（㈱都ハウジング）にお世話になっており、ある日、全国組織の中小企業家同友会京都伏見支部に会長と社長の推薦（既存会員の2名の推薦が必要）を受けて入会、会長とは面識がすでにあるものの、社長には支部昼食例会で直接お会いすることができた。社長は私同様タバコを吸うので、アーバンホテル京都（会場）の１階出口にたった１箇所設置されている灰皿ボックスでの談笑が今回のご縁の始まり。

その後、会社に訪問１回、私が常時利用している喫茶店で１回、都合３回のインタビューにより本編をまとめる決意をした。決意の理由は、社長の人となりが私と共通する点と、何よりも商売に取り組むその姿勢に魅力を感じたこと。

本題に戻るが、受け継いだ以上、やらないと何事も進まない。事業計画を子細に至り計画。1,500万円の借金をわずか５年で返済。その後今日に至るまで連続黒字の決算。今現在、（2014年３月決算）売上も利益も上昇気流。従業員数は17名を雇用している。

就業規則も適切に創り、残業手当も一般企業並みに支給。賞与は夏・冬及び決算期賞与も支給。建物全体を従業員が快適に働けるように大改装!!　会社訪問した際、目視ではあるが、食品業界として必要最小限の安全安心を守り、お客様に商品をお届けしている姿勢は素晴らしく思ったのが実感である。従業員の憩いの空間（部屋）を設置されたのにも驚く。

忙しいなかであっても、民生委員、自治連合会、体育振興委員他、各種団体の役員、地域活動などに関与されている。いわば、ボランティア活動と言えよう。こうした心構えの表れは、理念として挙げられている「誠実」そのものが実践されている証しの一つといえる。

６　波瀾万丈（はらんばんじょう）

決して順風満帆（じゅんぷうまんぱん）の人生ではなかった。日本のホテルが外資系に買収されると、上位層の役職で働いている人々を４分の３解雇。社長もその一人。解雇されたが、まだ子供たちにもお金がかかる。10ヵ月失業保険を受給する生活。その後、不動産会社（１年）に勤務しながら、宅地建物取引主任者資格に受験するものの、基準合格値に２点足らず。ヘルパー、某国会議員秘書（３ヵ月）、ロイヤルホテルのナイトマネージャー（１年半）、またまた失業（この間、経理に関する勉強に励む）、高槻京都ホテルに平社員として勤務するものの、高血圧（上が200以上）になりやむなく退職。苦悶の最中、大学の先輩である岡本（会長）氏より、「現在の会社を引き継ぎ再建してみないか」と、お声がかかった。

心機一転、一国の長、すなわち、代表取締役として働く以上、もうひとつの理由としては、「食の文化は京都の文化」との考えがあり、「お客様に何日も満足していただけることが最も重要」。総合的に考えて、南区（会社）と伏見区（住居）は隣区であり、車で10分もあれば往き来可能。第二（？）の人生が遅まきながらスタート。

７　会社の改善・改革

社長就任に先立ち、あらかじめ会長から現在の会社状況を聞いていたものの、自分自身の目で実態を隈無く把握、これが第一歩の仕事。前社長から引き継ぎ事務終了後、５人の社員一人ひとりと面談。全員に継続して勤めてもらうことにした。５人は大変喜んでくれ、社長はそれ以上に安堵（その心は、「私のように波瀾万丈の生活を彼らに決してさせたくはない」との心念から、安堵の一言を心の中で呟く）。

働くってことは、社長であれ社員であれ、与えられた仕事を確実に行うことが大切。一般的に言われる「労使協調」を重んじる。

そのために、まずは時期及び当社に相応しい就業規則を文書化し、全員に配布し、説明。社員の意見も聞いたうえで妥当性のある規則を完成。社員も納得。

今まで、長時間働いても、残業手当を支払っていなかったところをレビュー。工場長以外の社員には時間外労働の残業手当を支給するように改善。工場長は役職手当を基本給以外に支給する仕組みを確立。現在（2014年６月現在）従業員数は17名。

労働時間は自主申告制度（社員を信頼）とするとともに、タイムカードはなくす。

賞与（ボーナス）は夏・冬には社長に就任以降毎年支給。また利益が上昇時（年）には、決算賞与も支給（直近２年間は支給）。

当然ながら社会保険関連も他企業同様に加入。

勤務時間は、正社員は９～18時と18時～午前１時の２交替制。パート勤務の人は、３～５時間の変則制（本人希望を尊重し、９～12時、13～18時、18～22時）を採用。パートさんの中には、知的障害者（身体的障害者は不可）が１名おられ、生き生きと働いており、働く喜びを体感していただいている。

お客様のお陰で、2014年３月決算の売上高は1億7,000万円!!　これも工場長を始め、全社員の働きによる賜物。社長は、良きリーダーシップを貫く姿勢の工場長に全幅の信頼。ある意味、「工場長がいればこそ成長している」と語る。

8　社長の仕事と心得

8－1　ホテルマンの生き様

立命館大学卒業後、京都ロイヤルホテルに1947年４月入社、10月21日オープンに際し、東京パレスホテルで研修。２期生で採用されたホテルでの最初の仕事は、フロントの会計。オープンと同時期に労働組合を仲間と設立。組合活動は、書記長、委員長となるとともに、社会党系のホテル労連及び観光労連に関与。何しろ、当時のホテル業界で働く者の賃金は、わずかな「基本給」と利用客からいただく「チップ」だけという実態ゆえ、組合を創らざるを得なかった。

京都ロイヤルホテルの株主は、京阪電気鉄道、京都新聞、大林組の３社で、なかでも京阪電気鉄道（以下京阪という）が筆頭株主。京阪に徹底交渉も度々。京阪は何とかおさえこもうと、谷本氏を入社したばかりの平社員にもかかわらず係長に抜擢(ばってき)する言わば陽動作戦を画策(かくさく)。係長になったといえども社員には何ら変わりない。そこで社員の労働教育(ユニオンショップ)を徹底的に行う。

しかし、組合活動は日常の仕事とは全く別に考えて行動する。「無茶はしない」「根気よくする」を守っていくことを全員協調。

その後、京都ロイヤルは外資系ホテルに売却。外資系のホテルは血も涙も通じないし人間尊重の心など全くない。新ホテルのオーナー（幹部）との面接で不採用!!　谷本氏だけではなく、元社長や元支配人なども不採用。なぜ不採用（継続雇用ならず）なのか当時は納得できなかった。

あらゆるブライダルと新規開拓(かいたく)営業（次長時代）を展開。「142件を350件（年間）」に増加させ、とくに営業成績第１位をたえず確保していたにもかかわらず……。不採用には従わざるを得ない。そのため、前に述べたように転々と職を変えた後、岡本会長のお声がかりのお陰で今日がある。したがって、会長には感謝の心は一杯!!　会長に応えるべく働くことを常々思っている。

８－２　心得

・社長の理念は「誠実」

・毎日の行動は業務日報として記載し、会長に当初から送り続けている。会長は、「もう報告は送らなくとも良い」と仰(おっしゃ)る。けれど、「それでは私の心が許さない」と社長はやはり送り続けている。継続することそのものが、自己啓発となる。
・社長の主たる仕事は、「営業」。“歩く掲示板”として歩み続けてこそ何かを得るものだ。
・古いようだが、武士道を心得ている（営業担当社員はなし）。「忠誠・犠牲・信義・廉恥・礼儀・潔白・質素・倹約・尚武・名誉・情愛」などを重んじる観念のすべてが“武士道”の３文字に含まれている。だから武士道の精神をもって行動するよう日々当たり前のようにしている。
・年頭挨拶：京都・大阪・神戸（一部兵庫もある）・奈良・滋賀の取引先のすべてに、１月15日までに訪門し年頭の挨拶を行う。万一先方が不在のときはポストレス。これはサラリーマン時代から実行している。
・年賀状：多くのお客様に出すため、表裏共印刷するが、必ず自筆（手書き）で一言を添えている。
・苦情処理（マイナス要因）は社長の仕事。良い事（プラス要因）は社員に感謝。今年に入って、一度、取引先から苦情があったので、即日自身が出向き、お詫びする。「社長自ら来なくてもいいのに……とかなんとか言われ問題は難なく解消」。誠意があれば相手に伝わるものだ。苦情処理隊長イコール社長と心得ている。

８－３　良いこと

・「客が客を呼ぶ」とは本当のこと。永年営業を主として携わっていると実際に多くのリピートがある。推薦していただいたお客様（取引先）に即御礼の挨拶に訪問は当然実施。電話やメールではなく、直接訪問して御礼を述べるのが道理である。

・諸団体に役員や会員として加入し、参加していると、新しい得意先を紹介していただくことも多々ある。参加しないと何の意味もない。時には相談を受けたり、教えられることなど。諸団体加入により学び合い、教え合うことも多い。

　筆者（山岡）との交流も同友会での出会いから。タバコを吸うコーナーで会話もでき、互いに学ぶことが多く、また、初回のインタビュー時に、『「人災」の本質　災害・事故を防ぐ44の処方箋』の図書（山岡著書）をいただき、即読。感激!!

・毎日、ホテルと旅館を訪問することにより、「信頼の原則」を守っていると、たとえば某百貨店を紹介され、この百貨店を介して下鴨神社や野村佃煮（つくだに）そして、レストラン嵐山との取引が開始。このように根気よく営業していればこそ、やがては成果がある。筆者の営業スタイルと全く一緒。

8－4　悪い出来事

・前述のようにある取引先から苦情があったこと。しかし結果は引き続き取引をしていただくことになった。

・「わらびの里」の倒産と「ハッピーテラダ」の撤退、２社の取引先をなくしたこと。

c．年度計画・今期の目標（2014年度）

1　売上目標は、１億7,000万円（前期）にあまり欲張らずに約３％アップの１億8,000万円。

※前期は前々期に比べ18％もアップしたので今期は約３％と設定。

2　利益目標は7,500万円（これも前期の約３％アップとする）。

3　社員待遇は消費税３％アップをカバーできるように、年収で前期より約３％以上アップを目標とする。

4　市場拡大目標は、前期に引き続き、主としてホテルや旅館そして百貨店などと共に商品を実際に取り扱う企業や担当役職員に直接お会いして、さらなるリピート先との取引を密にすることにより、他の目標が叶うものと信じている。

5　新商品開発は、自社で考案する商品とお客様の新しい商品を試作し、お客様が納得してもらうよう考えている。

以上は、社長自ら携わることにより、社員も協調してもらえることと信頼して取り組む。

6　職場の環境を保全するために、「KES」の認証登録を目指しており、予定では2014年12月には認証される目処（めど）がついたと、同友会メンバーの一人であるコンサルタントから報告があったとのこと。認証審査も同友会のメンバー内にKES審査員がおられ、両名とも旧知の仲なので、頼りにし、安心しているというのも社長の偽りなき声である。

d．中期計画・目標

1　新商品開発、顧客をさらに増やすためには新しい食品の開発が必要。

2　売上高・利益率共、毎年増加させる。

3　社員の安定雇用と顧客満足のために必要な協力者（協力業者）を増やす。

4　同業者及び他業者の良い部分を自社に取り入れる。

5　動く営業マンとして、社長自ら、上記の事項を念頭に営業活動を持続させる。

6　HACCPシステムの認証登録を目指す。

「以上を考慮することにより、中期計画目標のみならず、長期の持続的成長に繋がるものと考えている」とのこと。

エキスパート審査員、かつQMS（品質）、EMS（環境）、OHSAS（労働安全衛生）各主任審査員（山岡）としての提言その１

ａ．「KES」より「EMS」を目指そう

「KES」を否定するものではないものの、三彩食品の取引先は京都の他、大阪・神戸（一部兵庫県含む）・滋賀・奈良の地域を対象とする。こうした多地域の取引先（最終消費者）すなわちあらゆる利害関係者（お客様）に誠意を認めていただくには、「KES」の認知度は低い。

認知度向上を目指し、真の顧客満足を得るためには、国際的に認められているISO14001（環境マネジメントシステム）の認証登録が望ましい。とくに観光や商談で日本を訪れ、ホテルや旅館を利用される西欧圏の方々は国際規格に沿った要求事項を守っているか否かに敏感に反応される。私がISOにかかわっているから言うのではない。

職業柄諸外国の人々と交流があるが、そのときに行く先々の組織から「ISO（国際規格）の認証登録をしているか」「認証機関は欧米系か」「どのような規格を登録維持しているか」……といった質問を受けることがある。我が国の人からもほぼ同様の質問がある。

特に知識人からの質問が多い。狭い領域にこだわらず、会社の未来像を考慮するならば、国際的に認知されたマネジメントシステムの採用こそ投資の価値があるものと思い、あえて提言する。

b．「KES」に取り組まれた結果の悪例と改革

本州の某機器メーカーが、「KES」と同様のシステムの第２段階（最終）審査をクリアして、認証登録書が工場兼事務所の入り口に掲示されていた。私と相棒の２人は京都市内から車（相棒の車）で移動し、表敬訪問。事務営業担当管理職員に案内され、従業員専用の入り口から入ってすぐの所で対談。工場兼事務所の中を視察。気になったことがいくつもあり、今でも覚えている。

第一に環境システムについて幾人かに問うものの、“無反応というか、何も知らない”、そこで質問を変えてさらにたずねてみると、“社長が対応しているので私どもは何もわからない……”との答え。オフィス内を眺めると、換気が悪く、照明も十分ではない。働く人々からは「意気込み」が伝わらない。第一、訪問時も帰るときも、応対した職員だけから言葉があるのみ。４Ｓ（整理、整頓、清掃、清潔）も継続対策のための「躾」も全くない。相棒が元勤めていた会社で、訪問したこの会社のオーナーと交流があったとのことで、もっと期待を持っていただけに残念至極。ちなみに、オーナーは当県の国立大学の非常勤講師だったとのこと。15人に満たない町工場の実態である。

これは１つの悪例にすぎない。「KES」相当の仕組みを登録されていた企業の多くが、EMSに新規に取り組まれ、見事に全役職員に周知され、顧客拡大（リピーター含む）に見事に繋がりを見せているのが現状である。

c．「KES」とは？

「KES」とは「Kyoto Environmental Systems」。すなわち「京都環境システム」。システムは確かに含まれてはいるが組織の運用

管理に必要な「Management」（マネジメント）に関しては表現されていない。そのためか、審査内容は、システムが完成されているか否かに関し、主としてデスク審査ともいえる文書審査に留まっており、各プロセスにおける現場審査はなされていない懸念があり、一抹の不安を抱かざるを得ない。

したがって、マネジメントシステムに関し、敏感に反応する人々も多くおられることを知る必要があろうかと思う。

d．「EMS」に取り組もう

したがって、「KES」ではなく、同じ投資をされるならば、国際規格として有するISO14001（環境マネジメントシステム－要求事項及び利用の手引）〈EMS〉に基づき認証登録されることを推奨する理由を理解し、取り組まれることが望ましい。

提言その２

a．HACCPに関して

1　企業全体のマネジメントシステムの部分がHACCPには含まれていない。すなわち基盤となっている品質管理活動の欠落した欠陥システムとなっており、多くの事件が起こってしまった。

2　上記の欠点を補うものとして開発されたのがISO22000であり、この中にHACCPの要求事項も含まれている。仕組みそのものが、ハードシステムではなくソフトシステムにとどまっている。

3　今や、HACCPは申し訳ないが、その存在すらなくなりつつあることも含めて、取り組みの見直しをされることを推奨する。

4　HACCPは各国が独自にシステム化し、日本の場合、厚生労働省所管の「総合衛生管理製造過程」の承認制度で、都道府県が実際に管理する程度で、海外では通用しない。むしろ世界的に統一されたISO22000に取り組む方がよりベターかと考えられる。

b．ISO22000食品安全マネジメントシステム（FSMS：Food Safety Manegement System）に関して

1　対象業種

大変広く、“すべての食品サプライチェーン”と定義されている。作物生産者、飼料生産者、一次食品生産者、食品製造者、二次食品製造業者、卸売業者、小売業者、食品サービス業者、及びケータリング業がその中心である。

さらに、農業、肥料、動物用医薬品、製造業者、材料及び添加物を生産するフードチェーン、輸送及び保管業者、装置製造業者、洗浄剤及び殺菌・消毒剤製造業者、包装材料製造業者、サービス供給業者など随分と多業種が対象となっている。

2　SO22000（FSMS）における欠陥・欠落

従来より、「ISO9001＋HACCP＝ISO22000」だと思われているが、“ISO9001にある「設計・開発と外部委託（購買）及び顧客重視」”などの部分がISO22000には含まれていない。これは大きな欠点かと思わざるを得ない。

c．したがってISO9001の取り組みが賢明な判断である

1　「HACCP」でもなく、「ISO22000」でもなく、すべてを網羅（もうら）し、企業の持続的成長を目指し、不要な投資をせず、ISO9001の中に食品に関する要素を組み込んで構築し、認証登録を目指すのが最も賢明な判断であると断言したい。

2　ISO9001に取り組まれた食品業界の良い事例は、日本の食品関連業では約1,200社もある。

「提言の結論」

三彩食品の持続的成長と成功への道しるべは、私の最終的提言としては、「ISO9001（QMS）」及び「ISO14001（EMS）」の認証取得がベストだと結論できる。あえて規格を絞り込むとするならば、「ISO9001（QMS）」がベターである。

社長の決断に委（ゆだ）ねるしかないものの、この21年間、QMS・EMS・OHSASの主任審査員及び今度よりエキスパート審査員となった76歳の筆者の意見（提言）も無視してもらいたくはない。

その際のコーチング（コンサルタント）は我々の「にほんそうけんコンサルタント」スタッフ８名にお任せあれ。それぞれの専門制（力量）を活かし、安価で早くて有効性・適切性・効率性を考慮し、同じ同友会会員として一生懸命助力することを宣言する。

頑張っている三彩食品。新商品を開発し、設計・開発・協力者（購買）・顧客満足を考えるならば尚更のこと取り組んで決して損なき得あり!!

※ご参考まで、食品業界でISO9001を認証登録された優良な企業を最後に紹介する。

近畿圏の某食品会社は2000年にISO9001を認証登録。食品全般を取り扱う企業で、役職員数（当時16人）でありながら見事認証登録、私は第二者監査（模擬審査）の一員として参加。監査員３人で１日かけて審査。「７Ｓ＋１Ｄ」を導入し完璧な運営管理をされていたことを今も覚えている。この会社のコンサルティングは食品に精通している主任審査員の経験のもとで構築されていた。

さすがだ。

※ちなみに「５Ｓ＋１Ｄ」の考えと取り組みは以下の通り。ご参考まで。

品質環境等と食品衛生の５Ｓ、または７Ｓ＋１Ｄを厳守することにより、顧客の皆様方に満足いただけ、客が客を呼ぶこととなり益々商売繁盛!!

そこで、食品衛生７Ｓ＋１Ｄ対策として以下のことを厳守することを仕組みの中に入れることが重要である。

清　潔：目標の明確化とその維持向上
しつけ：人的目標の明確化
整　理：移動・廃棄・保管
整　頓：定数・定置・定型
清　掃：掃く・拭く・吸う
洗　浄：手・機械・洗浄剤・水及び湯
制　菌：静菌・除菌・消毒・殺菌・滅菌
ドライ：乾燥

商売は競争相手がいる。金銭上の利害に鋭敏なればこそ「偽装(ぎそう)・偽造などをやっても儲けよう」とする企業はやがては客が見向きもしなくなるどころか存続そのものが危うい。

“ISO9001、ISO14001、ISO22000”の視点から商売のツボを考察してみる。

組織が求める経営は「法令規制要求事項」と「顧客の要求事項」を満足させてこそ、適切性・有効性が実証され、組織としての持続的成長経営が可能となる。

⑵　原因

前述のエキスパート審査員による提言に、その原因を記述しているので省略。

⑶　今後の対応策

前述のエキスパート審査員による提言に、その原因を記述しているので省略。

⑷　対応すべき国際規格

ISO9001（QMS：品質）及びISO14001（EMS：環境）、OHSAS18001（労働安全衛生）のすべての要求事項。

⑸　教訓

ａ．商いは牛の涎（よだれ）、負けてはならぬ商売敵（がたき）
ｂ．もつべきものは、専門知識を有する友
ｃ．思案するより、実行大切　ｄ．無駄は価値はなし
ｅ．ISO9001は、あらゆる規格の大黒柱と心得よう

述べたいことはまだ多々あるが、文字数の関係でここで収めることにしたい。

第１章

災害の研究　―事例を中心に―

１、ビル解体工事現場で足場倒壊

(1)　背景

2014年４月３日午前11時10分頃、神戸市中央区のビル解体現場において、工事用の鉄製足場（幅約18m、高さ約16m）が鉄骨および粉じん防止シートなどとともに県道「フラワーロード」上に倒れた。解体されていたビルは２棟（４階建と５階建)。「フラワーロード」全体に倒壊。幸いにも死者は出なかったものの、通行人２人が巻き込まれ、自転車に乗っていた女性が首の骨を折る重傷。男性が肩を打撲するなど軽傷を負った。

事故当時は作業員３人が重機などを使ってビル壁を敷地内に倒す作業中に鉄骨がコンクリート壁の一部と一緒に道路側に倒れ、粉じんを防ぐシートを張った足場を押し倒したとみられる。

解体工事を請負っていた「U工業」は建設業の許可を持たず、県に業者登録もされていなかった。別の業者「T組」は事故当時U工業の２人とT組の１人の作業員、計３人がビルの３階部分の鉄骨や壁を重機で取除く作業をしていた。兵庫県によると、建設業許可のない業者でも解体工事は可能とするものの、その場合「建設リサイクル法」に基づき都道府県に登録することが必要で、かつ８年以上の実務経験を有するなど、経験や知識が豊富な「技術管理者」に工事を監督させる必要がある。それらに違反する場合の罰則(ばっそく)も定められている。

Ｔ組は建設業許可を得ているが、Ｕ工業は同許可がなく、業者登録もしていない。同県によると、中小の解体工事業者は建設業許可のないケースが多く、その場合、安全維持をするための登録が不可欠という。

建設業を営む男性は、「事故前に何度も現場を見たが、資材が散乱し作業員数も工事規模の割に少ない気がした」と話している。

(2) 原因

ａ．足場の支柱および支保棒の固定部分の点検がされていない可能性がある。
ｂ．建設業許可および業者登録がされていない。
ｃ．技術管理者が現場にはいなかった。
ｄ．労働安全管理が十分できていない。
ｅ．建設リサイクル法や建設業法等、法令規制要求事項の重要性に関し、自覚されていない。

(3) 今後の対応策

ａ．建設業は28業種に現在区分されており、解体工事は、その内の「とび・土工工事」に含まれているが、「解体工事」を別途に独立した業種とすることを望む。

ｂ．「安全管理」は重要であるにもかかわらず、「原因」とみなされる要因に対する認識・自覚および有資格者の配置義務を建設業者は厳守すべきである。

入場者教育を始めとする教育・訓練を真摯（しんし）な態度で自助努力をし、必要とする人的資源を確実に配慮する必要がある。中小零細企業といえども事業として行っているならば法令および安全管理を疎（おろそ）かにしてはいけない。

⑷　対応すべき国際規格

OHSAS18001

4.3.1 危険源の特定、リスクアセスメント及び管理策の決定

4.3.2 法的及びその他の要求事項

4.4.1 資源、役割、実行責任、説明責任及び権限

4.4.2 力量、教育訓練及び自覚　4.4.3.1 コミュニケーション

4.4.3.2 参加及び協議　4.4.4 文書類a)～e)

4.4.5 文書管理a)～g)　4.4.6 運用管理

4.4.7 緊急事態への準備及び対応

4.5.1 パフォーマンスの測定及び監視a)～f)　4.5.2 順守評価

4.5.3.1 発生事象の調査a)～c)

4.5.3.2 不適合並びに是正処置及び予防処置

4.5.4 記録の管理　4.5.5 内部監査　4.6 マネジメントレビュー

⑸　教訓

ａ．暗転注意　ｂ．業をにやす　ｃ．一利一害

ｄ．無知は害を招く

２、保育所の門扉倒れ男児下敷

⑴　背景

2014年４月５日午前11時20分頃、蜜柑の生産地として有名な和歌山県有田市内のＩ保育所の正面入口で、スライド式鉄製門扉が倒れ、同保育所に通っている男児が下敷になった。

男児は、別の子供の保護者に助けられ病院に運ばれたが、頭を打つなどの軽傷で済んだ。事故前に男児が門扉を揺すっている様子が目撃されており、揺すったはずみで門扉が倒れた。門扉は厚さ３㎝。レール上を動かして開閉する仕組みで、門扉上部には転倒防止のため、そばの壁に取り付けられたＵ字形の金具や、開けた後の門扉をその金具に固定する留め具がある。当日、出勤した職員が門扉を開けて固定したが、発見時は、門扉が金具から外れ、留め具も抜けていた。

この日は入所式があり、男児は出席後、入り口付近で１人で遊んでいた様子。同市はこの事故を教訓に、全７箇所の市立保育園の門扉の安全性を確認し、より軽量なものに取り換えを検討する

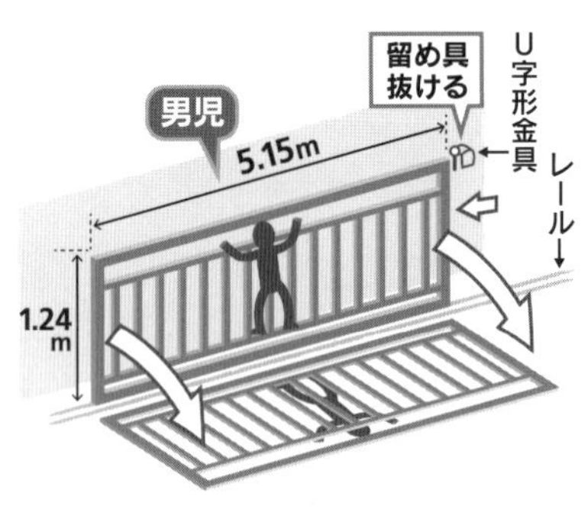

図1 事故のイメージ図

とのこと。

⑵　原因

この背景を検証するに当たり、近くの保育所を訪問し、同じ形式の門扉で倒れるか否かを試してみたが、大人の力であっても簡単に倒れるものではないことがわかった。さらに近隣にある別の保育所の扉や遊具なども試してみるものの大丈夫であった。この２箇所の保育所の職員に尋ねたところ、インフラストラクチャーのチェックは６ヵ月もしくは１年に１回点検しているとのこと。

遊び、好奇心、興味いっぱいで、育ちざかりの児童には、職員は目を離さず、児童の安全・安心を確保しているのが京都市内の保育所である。

以上から考えると、本件の事故は、Ｉ保育所を始め７箇所の保育所の門扉をたとえ軽量化したとしても、保育所の運営する市及び職員の設備点検と子供たちの監視態勢が疎か（十分ではない）であるものと推測される。

保護者から大切な子供を預かっていることの責任と自覚が必要である。

⑶　今後の対応策

ａ．インフラストラクチャーの監視・点検を定期的に行うこと。
ｂ．または使用頻度が多い時期には、臨時点検も必要である。
ｃ．職員の働く姿勢を正すこと。そのためには保育所に勤めることの意識向上を促し、認識・自覚などの教育・訓練も定常化すること。

⑷　対応すべき国際規格

ISO9001

5.3 組織の役割、責任及び権限　7.1.6 組織の知識　7.2 力量

OHSAS18001

4.3.1 危険源の特定、リスクアセスメント及び管理策の決定

4.3.2 法的及びその他の要求事項

4.4.2 力量、教育訓練及び自覚

4.5.1 パフォーマンスの測定及び監視　4.5.2 順守評価

⑸　教訓

ａ．無為無策非ず　ｂ．無始無終　ｃ．未来永劫

３、フォークリフト運転資格　不正取得・無資格操作

⑴　背景

ａ．Ａ運輸会社のＢ支店長は、１t以上の大型フォークリフトの運転資格を社員に不正に取得させ、操作をさせていた。Ｂ支店以外にも４箇所の支店が関与していた。

中央労働基準監督署は会社ぐるみの可能性があると判断して、全国の状況調査をＡ運輸に指示を出した。これは労働安全衛生法に反する行為である。

ｂ．大型フォークリフトを運転するには、民間教育機関で35時間の技能講習を受けなくてはならない。ところがＢ支店長は、資格が不要な１t未満のフォークリフトを３ヵ月以上操作した経験があれば講習時間が24時間短縮される制度を悪用したとされる。

Ｂ支店長らは、講習時間が短縮される運転経験がない３人について、虚偽の「経験証明書」を作成し、必要な講習を受けさせず、正規に資格を得ていない状態で１年５ヵ月の間、大型フォークリフトを支店の敷地内などで運転させていた。

ｃ．講習時間が短縮されると、受講費用が一人当たり約１万５千円安くなるとのことを支店長らは言い、約７人の従業員は、「時間と費用が浮く」ので良い手法だと思ったと語っている。

⑵　原因

ａ．会社ぐるみの作為文書偽装、すなわち経営者（トップマネジメント）も関与している。

ｂ．虚偽の経験証明書を発行している。

ｃ．必要な講習を受けさせていない。

ｄ．講習制度の根幹を揺るがしている。

ｅ．労働安全衛生法違反である。

⑶　今後の対応策

ａ．時間と費用が必要ではあるが、講習を適切に受けて有資格者を育てること。

ｂ．経営者層の人事改革も必要である（経営者の責任は重大である）。

ｃ．労働基準監督署は、同社及び同業他社もこの際全国調査をする必要性がある。

⑷　対応すべき国際規格

OHSAS18001

4.3.2 法的及びその他の要求事項

4.4.1 資源、役割、実行責任、説明責任及び権限
4.4.2 力量、教育訓練及び自覚　4.4.4 文書類a)～e)
4.4.5 文書管理a)～g)　4.4.6 運用管理a)～e)
4.5.2 順守評価　4.5.4 記録の管理

ISO9001

5.1 リーダーシップ及びコミットメント
6.1 リスク及び機会への取り組み
7.1.4 プロセスの運用に関する環境　7.1.6 組織の知識
9.1.2 顧客満足　9.1.3 分析及び評価　9.2 内部監査
9.3 マネジメントレビュー　10.2 不適合及び是正処置
10.3 継続的改善

(5) 教訓

ａ．有形無形　ｂ．油断大敵　ｃ．顰(ひそ)みに倣(なら)う

４、汚染チップ投棄

(1) 背景

ａ．滋賀県高島市の鴨川河川敷に放射性セシウムが付着した木材チップが投棄されていた。県は廃棄物処理法及び河川法違反の疑いで、東京都内のコンサルタント会社の社長ら３人を県警に刑事告訴した。

ｂ．2013年３～４月、県が管理する河川敷に産業廃棄物のチップ約310㎥を不法投棄し、チップの埋設に伴って、河川敷の形状を勝手に変更した。木材チップはコンサルタント会社が福島県の

製材業者から引き取った後、複数の業者を経て高島市に運び込まれた。滋賀県近江八幡市の建設会社も関与した疑いがあった。

c．投棄に関わった神奈川県在住の男性は「滋賀県の人々に迷惑をかけたことを申し訳ありません」と語り、容疑を認めている。

(2)　原因

a．廃棄物処理法違反

b．河川法違反

c．汚染チップと知りながら法違反を犯した事実は自覚・認識不足である。

(3)　今後の対応策

a．適切なる国際規格であるISOを認証取得すること。

b．法令規則は厳守すること。

c．木材チップ処分に関わるすべての人々に教育、訓練、認識、自覚を確実にすること。

(4)　対応すべき国際規格

ISO14001

4.2 利害関係者のニーズ及び期待の理解

5.1 リーダーシップ及びコミットメント

5.3 組織の役割、責任及び権限　6.1.3 順守義務

6.1.4 脅威及び機会に関連するリスク　7.1 資源　7.2 力量

7.3 認識　7.4.2 内部コミュニケーション

7.4.3 外部コミュニケーション　7.5.3 文書化した情報の管理

8.2 緊急事態への準備及び対応　9.1.2 順守評価

9.2 内部監査　9.3 マネジメントレビュー
10.1 不適合及び是正処置　10.2 継続的改善

注記：付属書Aの手引きをよく理解し、運用管理に取り入れることが望ましい。

ISO9001
8.5.2 識別及びトレーサビリティー　8.5.5 引渡し後の活動
9.1.2 顧客満足

⑸　教訓

ａ．平身低頭　ｂ．のべつ幕（まく）なし　ｃ．土崩瓦解（どほうがかい）
ｄ．悪は滅びる　ｅ．他人に迷惑、我身命取り

５、月に３日間しか休みのないバス運転手による死亡、傷害事故（１人死亡、24人重軽傷）

⑴　背景

ａ．M交通株式会社は、夜行の高速バスの運転をO運転手に11日間連続勤務をさせていた。しかも１ヵ月の休みは３日間しか与えていなかった。そのため、O運転手はいつも疲れ気味であった。会社の上司には疲労気味であることが言えず、指示されるままに高速バスを運転していた。
ｂ．M社及びO運転手の所属しているＳ営業所の管理監督者の責任は重大であり、自動車運転過失致死傷罪が問われる。勤務実

態及び健康診断を受けさせることは雇用主の義務であり、運転手に安全運転をさせ乗客に安心を与えることが大切である。そのためには、雇用主は保健師及び産業医とともに協調して、運転士の健康管理に努めなければならない。この事故は明らかに労働安全衛生法に反している。

⑵　原因

a．管理監督者に対して社員が現状をありのままに話すことができない風土が組織にある。

b．自動車運転過失致死傷に至るまで働かせる管理監督者は責任重要性を自覚していない。

c．労働安全衛生法が要求している事項を認識理解していない。

d．道路交通法違反である。

⑶　今後の対応策

a．社員がありのままに話せる風土、すなわち良い内部コミュニケーションの場を設けること。

b．雇用主は産業医及び保健師の指導強化を促すこと。すなわち健康管理を確実にすること。

c．乗客が安心して乗っていることが大切である。顧客満足は重要である。

⑷　対応すべき国際規格

ISO39001：ほぼすべての要求事項に該当するものの、とくに重大な事項としては、以下の条項である。

4.2 利害関係者のニーズ及び期待の理解

5.1 リーダーシップ及びコミットメント
5.3 組織の役割、責任及び権限
6.2 リスク及び機会への取り組み　7.1 連携　7.2 資源
7.6.3 文書化された情報の管理　9.1 監視、測定、分析及び評価
9.2 道路交通衝突事故及び他の道路交通インシデント調査a)～c)
10.1 不適合及び是正処置　10.2 継続的改善

ISO9001
7.1.6 組織の知識　9.1.2 顧客満足

注記１：「付属書Ｂ（参考）品質マネジメントの原則」を応用することを推奨する。

注記２：このような事故を防止するためには、ISO39001、ISO9001、ISO14001、OHSAS18001の４つのISO（国際規格）に対応することが望ましい。

(5) 教訓

ａ．虎口（ここう）を脱する　ｂ．草を打って蛇（へび）を驚かす
ｃ．不可抗力では済まされない　ｄ．人命尊重
ｅ．連日連夜も連帯責任

6、鉄筋荷崩れによる死亡事故（１人死亡）

(1) 背景

鉄を加工する会社に勤めているＢさんが運転していたトラックは南方へ向かい走行していた。積み荷の鉄筋を満載しており、緩

やかなカーブの高速道ではあるものの、制限速度を25㎞もオーバー。鉄筋は荷崩れしたため一旦停止をしたが、そこへ別の運送会社のトラックが衝突。事故の弾みで、車道に散乱した鉄筋が現場近くの道路上にいた人にぶつかり、その人は死亡（死亡した男性は乗用車を停車していた）。荷崩れ事故に遭遇し車外へ出たとのこと。

Ｂさんは、加工済鉄筋を工事現場のもとに届けるには、指定された時間に小１時間程遅れるとの旨をＥ社の施工する責任者（現場代理人）に走行しながら、携帯電話により荷崩れ場所付近で連絡していたその矢先の事故であったことが電話の記録などでわかった。

⑵　原因

ａ．制限速度を25㎞もオーバーしていた。

ｂ．運転をしながら携帯電話を使っていた。

ｃ．道路交通法違反である。

⑶　今後の対応策

ａ．制限速度を守ること。

ｂ．電話は車を停止して、使用すること。

ｃ．事の重大さを認識し、安全運転をすること（本人の自覚を促（うなが）す）。

⑷　対応すべき国際規格

ISO39001

5.3 組織の役割、責任及び権限

6.2 リスク及び機会への取り組み　7.1 連携　7.3 力量

7.4 認識　7.5 コミュニケーション

9.2 道路交通衝突事故及び他の道路交通インシデント調査

10.1 不適合及び是正処置　10.2 継続的改善

⑸　教訓

ａ．一旦緩急あれば　ｂ．声をのむ　ｃ．危機一髪

７、合板100枚直撃（女性重傷）

⑴　背景

2014年４月13日、大阪市東川区菅原のホームセンターで、高さ約2.5ｍに積まれた約300枚の合板の内、約100枚（重さ500kg）が落下。そばで買物をしていた美容師女性を直撃した。女性は両脚の骨などを折り重傷。

同店の男性（契約社員）は、「フォークリフトの操作を誤り、荷崩れした」と言う。東淀川署は業務上過失傷害容疑で取り調べ。同署の発表によると、コンクリートの型枠用の合板（縦182㎝、横91㎝、厚さ1.2㎝）で、100枚ごとに束にしてひもで縛っていた。男性がフォークリフトで合板を移動作業中、一番上の束が崩れ落ちたと判断した。

⑵　原因

ａ．フォークリフト操作の誤り（つい、うっかり、慣れが、だれに）。

ｂ．男性契約社員のフォークリフト操作の資格が問われる。

ｃ．１束（100枚）毎にしていた積み重ね全部の固定及び確認の不備。

ｄ．周囲に他人がいるか否かの安全確認も十分していなかった。

⑶　今後の対応策

a．たとえ有資格者であり、経験があるとしても絶えず自覚・認識を十分なすべきである。

b．会社として、経営者は人の教育・訓練などを怠ることなくなすべきである。

c．その上で、入場者教育をも必要とし続けること。

d．資格者であっても、CPD（継続的専門能力開発）教育を実施すること。

⑷　対応すべき国際規格

ISO9001

4.1 組織及びその状況の理解

5.1.1 品質マネジメントシステムに関するリーダーシップ及びコミットメント

5.3 組織の役割、責任及び権限　6.1 リスク及び機会への取り組み

7.1.3 インフラストラクチャー

7.1.4 プロセスの運用に関する環境　7.1.6 組織の知識

7.2 力量　7.3 認識　7.4 コミュニケーション

8.4.3 外部提供者に対する情報

8.5.1 製品及びサービス提供の管理

8.7 不適合なプロセスアウトプット、製品及びサービスの管理

9.1.3 分析及び評価　9.2 内部監査　9.3 マネジメントレビュー

10.2 不適合及び是正処置　10.3 継続的改善

OHSAS18001

4.3.2 法的及びその他の要求事項

4.4.7 緊急事態への準備及び対応　4.5.2 順守評価

4.5.3.1 発生事象の調査a)～e)

注記：OHSAS18001は、ISO9001に記述した以外にとくに注目すべき事項のみ記述している。

着目：ISO14001も含めて、上記の規格を活用することを推奨する。

⑸ 教訓

ａ．ナレはダレにつながる　ｂ．一蓮托生（いちれんたくしょう）　ｃ．九牛の一毛

ｄ．半信半疑　ｅ．平身低頭　ｆ．注意義務

８、高層アパート崩壊（400人以上が死亡）

⑴ 背景

ａ．2014年５月13日、北朝鮮の首都・平壌において、23階建高層アパート（総戸数92）が崩壊し、北朝鮮の秘密警察の国家安全保衛部や警察幹部を始め、外資稼ぎの担当者や商店経営者（彼らは約３万ドルを支払って入居）等、400人以上が死亡した。

ｂ．崩壊した平壌市平川区域アパートは23階建て、１戸当たりの面積は最大200㎡。2013年11月末に大部分の工事が終了し、入居が始まった。

ｃ．平壌では2009年９月から大規模な住宅建設事業が進められ「平壌速度」ともてはやされ、「平壌速度」のスローガンで突貫工事が奨励。

ｄ．「平壌速度」に忠誠を競うため、設計はもとより、資材不足・人手不足のため、施工会社は手抜き工事を頻繁に競うが如く

行っていたものと考えられる。

⑵　原因

ａ．建築設計が妥当性確認までされたか否か疑問がある。

ｂ．施工業者は資材調達、人手確保が十分されていなかった。

ｃ．手抜き工事が上記の事情により常態化していた。

ｄ．発注者側が設計・施工の実態を知りながらも、管理・監督体制が不十分である。

⑶　今後の対応策

ａ．設計は、「計画（インプット・アウトプット含む）、レビュー、検証、妥当性確認、変更管理」等の一連のプロセスを忠実に行うこと。

ｂ．発注者が政府だとしても、入居する人々が顧客であることを忘れてはならない。

ｃ．業者は、施工計画書の中で、施工に関する一連のプロセスを確実にし、実行すること。

ｄ．上記の計画は、人的資源、インフラストラクチャー、作業環境等を含めること。

ｅ．発注者、設計者、施工業者はそれぞれの立場において責任と権限を明確にし実施すること。

⑷　対応すべき国際規格

ISO9001

4.2 利害関係者のニーズ及び期待の理解　7.1.6 組織の知識

7.2 力量　7.3 認識　7.5 文書化の情報

8.1 運用の計画及び管理　8.3.5 設計、開発からのアウトプット

(5) 教訓

ａ．我身勝手は我身滅ぼす　ｂ．忠実に生きていてこそ価値がある
ｃ．私利私欲は我身滅ぼす　ｄ．顧客は誰なのかよく考えよう

9、過労とパワハラによる自殺

(1) 背景

男性医師（当時34歳）は兵庫県養父市公立八鹿（ようか）病院の整形外科に、2007年10月から勤務していた。自殺直前の４週間の時間外労働が174時間に及び厚生労働省の定めた基準を大幅に上回っており、過重労働だった。

また、上司から入院患者の介助の要領が悪いとして拳で頭をたたかれ、別の上司からも手術が悪いとして、「田舎の病院だと思ってなめとるのか」と言われるなどしてきた。この事実は、社会通念上許容される指導、叱責の範囲を第三者から考察しても遥かに越えているものと思われても仕方のない事実である。

「過労やパワハラが重なることによってうつ病を発症したものである」と鳥取地裁米子支部の上杉英司裁判長は判決し、八鹿病院側に約8,000万円の賠償命令を出したのも妥当である。

一方、地方公務員災害補償基金兵庫支部は、2010年８月に医師の自殺を過労による「公務災害」として認めていた。

勤務してから約２ヵ月後（2007年12月）に自殺。本人は苦悩の末、両親はもとより、誰にも相談できず、自殺したものと思われる。

⑵　原因

ａ．「時間外労働を４週間で174時間」は労働基準法（通称：労基法）違反である。

ｂ．２人の上司は部下（医師）に対して「入院患者の介助の要領が悪いとして拳で頭をたたいた」、手術の手際が悪いとして「田舎の病院だと思ってなめとるのか」と叱責。これは、社会通念上許容される指導、叱責の範囲を遥かに超えている。

⑶　今後の対応策

ａ．労基法に基づく就業規則の見直しとともに、時間外労働超過に至らないための人員配置をすること。

ｂ．人の教育は、重要である。能力が十分発揮できるような実践教育方法には、「怒る」よりも「諭す」ことで人は成長することを心得よう。

ｃ．部下が上司に気軽に相談ができる職場の雰囲気づくりについて、全職員は協議すること。

ｄ．協議そのものが内部コミュニケーションへの行動であることを忘れてはならない。

ｅ．病院のトップ（理事長、院長）マネジメントを促し、トップダウンも必要であるがボトムアップも十分可能な職場改善が大切である。

ｆ．「過労死等防止対策推進法」の一日も早い成立が望まれる。

⑷　対応すべき国際規格

ISO9001

5.1.1 品質マネジメントシステムに関するリーダーシップ及びコ

ミットメント

7.1.6 組織の知識　7.2 力量　7.3 認識　7.4 コミュニケーション

9.1.2 顧客満足

OHSAS18001

4.3.2 法的及びその他の要求事項

4.4.1 資源、役割、実行責任、説明責任及び権限

4.4.2 力量、教育訓練及び自覚

4.4.3 コミュニケーション、参加及び協議

4.5.1 パフォーマンスの測定及び監視　4.5.2 順守評価

⑸　教訓

ａ．健康人、智力も優れる　ｂ．人の和、知恵の和、職場の和

ｃ．教え、学び、実践　ｄ．諭して判らなければ、うまく叱ろう

10、軽乗用車、児童の列に突っ込む（７人重軽傷）

⑴　背景

ａ．2014年５月23日午前９時50分ごろ、埼玉県上尾市上野の県道における事故。校外学習から学校に戻る途中だった児童の列に軽乗用車が突っ込み、保護者（女性）が重傷、児童６人が軽傷を負った。

ｂ．介護士（女性）が運転していたが、ぶつかるまで気づかず、車のそばで呆然（ぼうぜん）と立ちつくしていた。

ｃ．地元の上尾署は自動車運転死傷行為処罰法違反（過失運転致傷）で現行犯逮捕。

ｄ．児童は上尾市の小学校の３年生で、約30人が近くのスーパーでの学習活動を終え、学校に戻るところで、子どもたちは「痛い痛い」と泣き叫ぶ声が多く、心を癒すには時間がかかった。

ｅ．事故現場の状況は、直線道路で、車は左側を歩いていた児童の列に突っ込んだ。

⑵　原因

ａ．直線道路で、児童らは左側を歩いていたにもかかわらず、その列に軽乗用車を運転中、「ぶつかるまで気づかなかった」というのは、軽率である。

携帯電話かスマホあるいはタバコを吸っていたかペットボトル飲料水を飲んでいたか、または考えごとをしていたものとも想像できる。

ｂ．いずれにせよ前後左右の確認をしっかりと行っていないがために、惨事となったことには間違いない。

⑶　今後の対応策

ａ．運転していた女性は再度、事の重大性に反省し、二度と同じ失敗（事故）を起さないためにも、自動車運転免許証は今はないと思い、運転の心得を自覚することが肝要である。

ｂ．類似する自動車事故は恐らく、全国では毎日起こっているものと思われる。他人事と思わず、我事と思い、すべての運転をする人は再認識及び自覚をされることを望む。

⑷ 対応すべき国際規格

ISO39001

6.2 リスク及び機会への取り組み　7.1 連携　7.3 力量　7.4 認識

8.2 緊急事態への準備及び対応　9.2 監視、測定分析及び評価

9.2 道路交通衝突事故及び他の道路交通インシデント調査

10.1 不適合及び是正処置

ISO9001

4.2 利害関係者のニーズ及び期待の理解

6.1 リスク及び機会への取り組み　9.1.2 顧客満足

⑸ 教訓

ａ．明日は我が身　ｂ．虫の知らせを無にするな

ｃ．許してならぬ無謀運転　ｄ．前代未聞（みもん）、破天荒（はてんこう）

ｅ．立場を変えればわかるはず

11、30mの杭（くい）打ち機横転

⑴ 背景

ａ．2014年５月19日午後１時45分ごろ、大阪市東淀川区東中島のマンション建設工事現場で、杭打ち機（高さ約30m、重さ96.5t）が横転。

倒れたアームが道路を挟んで北隣の市立中島中学校跡地の塀を壊し、電柱１本を折ったほか、工事現場に停まっていた工事関係者の車２台を押しつぶした。

ｂ．死傷者が出なかったのは幸いである。

c．杭打ち機はマンションの基礎工事のために使用しており、作業終了に伴い、移動させた際に倒れた。

d．「地面を補強する鉄板を敷いていない場所を通り、バランスを崩した」との事実を運転していた作業員は語っている。

e．現場はJR新大阪駅の南東約500ｍの住宅街で、近くにあった市立中島中学校は今年度から小中一貫校となり、別の場所に移転していたため、死傷者がなかったのは不幸中の幸いといえる。

f．現場近くの女性は「ドーンという大きな音で事故に気づき、もしも人が道路を通っていたらと思うと怖い」と話していたという。

⑵　原因

a．地盤補強の鉄板を敷いていなかったため、杭打ち機は、鉄板を敷いた部分とそうでない部分では、地面の硬さが異なるがゆえにバランスがとれなかった。

b．重機運転の作業員並びに他の作業員の認識自覚が欠落している。現場代理人は監督責任がある。

c．施工計画書において、基礎工事に関する事項が明確にされていないものと推測される。

⑶　今後の対応策

a．施工計画書を各工程に適合した内容をもって明確にし、施工すること。

b．人・インフラストラクチャー・作業環境の３項は資源としては重要な要求事項である。これを確実に守ることが安全管理にも繋がることを認識して着手すること。

c．とくに“「人」に対する要求事項の中には、有資格者であることや、現場への新規入場者教育等、人的資源の要求はISO9001を始め、OHSAS18001においてもなされている”ので着目すべきである。

d．杭打ち機を操作している作業員が協力会社の社員だとしても、元請の会社は管理責任があるので、留意する必要がある。

⑷ 対応すべき国際規格

ISO9001

5.3 組織の役割、責任及び権限　6.1 リスク及び機会への取り組み

7.1.3 インフラストラクチャー

7.1.4 プロセスの運用に関する環境　7.2 力量　7.3 認識

7.4 コミュニケーション　8.1 運用の計画及び管理

9.1.2 顧客満足

OHSAS18001：ほぼすべてが要求事項に該当

⑸ 教訓

a．人の和、智恵の和、絆に如(し)かず

b．モノづくりの前にヒトづくり

c．安全第一、事故ゼロ宣言　d．徹頭徹尾

12、無点検車1,000台、車検偽装

⑴ 背景

a．必要な点検をせず不正改造車の車検を通していたとして、道

路運送車両法違反で和歌山市の自動車整備会社社長および同社役員ら計３人を和歌山地検に書類送検。

ｂ．「これまで1,000台程度、無点検のまま車検をしたように装った」などと社長は供述している。

ｃ．また３人は共謀し、2014年１月下旬、顧客から依頼されたクレーン車１台を無点検のまま虚偽内容の保安基準適合証を作成し、近畿運輸局和歌山運輸支局に提出していた。

ｄ．さらに、社長は別のトラック２台の検査分についても起訴されており、検察側は2014年５月17日に和歌山地裁で行われた初公判で「遅くとも1997年ごろから、顧客の依頼に応じて不正車検を行っていた」などと主張した。

ｅ．被告（社長）は当時、国の車検業務を代行する自動車検査員であり、いわゆる「みなし公務員」であった。和歌山運輸支局などによると、必要な手続きを終えており、車検取り消しはできないという。

⑵　原因

ａ．顧客からの要望があり、無点検を繰り返すことを、17年間も３人は行っていた。

ｂ．その数約1,000台である。

ｃ．運輸支局は必要な手続きを終えているので車検取消しはできないと言う。

ｄ．偽装行為そのものが違法であることを認識・自覚していない。

ｅ．顧客・整備会社・運輸支局の３者の責任感が麻痺（まひ）している状況である。

⑶　今後の対応策

a．顧客の要望であっても決して無点検のままで保安基準適合証を発行しないこと。

b．顧客の要望であっても毅然(きぜん)たる態度で断わること。

c．万一、無点検車輌が事故を起こした場合、あらゆる損傷や死傷者が出る恐れがあることを自覚し、適正な車輌点検を実施すること。

d．運輸局、あるいは第三者立入監査（審査）を自動車整備会社に出向き、定期的に実施すること。なぜならば書類監査（審査）では防止不可能であるため、現地において実施する必要がある。

e．無点検の自動車整備会社は一定の基準を設け、厳重に処罰をすること（本来ならば１回でも無点検の事実があれば整備会社として認可しないことが望ましい）。

f．顧客リストは書面により保管されているので、これらの顧客を追跡調査し、その顧客に警告すること（そのことにより、未然防止に繋がる）。

⑷　対応すべき国際規格

ISO39001

4.2 利害関係者のニーズ及び期待の理解

5.3 組織の役割、責任及び権限

6.2 リスク及び機会への取り組み　7.3 力量　7.4 認識

9.1 監視、測定、分析及び評価

9.2 道路交通衝突事故及び他の道路交通インシデント調査

ISO9001

5.1 リーダーシップ及びコミットメント　8.1 運用の計画及び管理

9.1.2 顧客重視　10.3 継続的改善

⑸　教訓

ａ．利益優先、身を滅ぼす　ｂ．一時の利益は未来永劫の損失
ｃ．法は守るべくして法にあり　ｄ．誠・真実こそ美である

13、名神、観光バス逆走（10人重軽傷）

⑴　背景

ａ．愛知県一宮市の名神高速道路でＮ交通（大阪府）の観光バスが反対車線を200ｍ逆走して乗用車などと衝突。バスは高速道路下り線を走行中、中央分離帯を乗り越え、上り線の乗用車など９台に衝突し、運転手は重傷、８人が軽傷、残る１人がやや重いけがをした。

ｂ．同社はバスの男性運転手が経営していた。

ｃ．事故現場にはブレーキ痕やスリップ痕が見つかっていないうえ、運転手の血液検査でアルコールや薬物の反応はないことから、運転手の居眠り運転の可能性がある。

ｄ．一方、この運転手は当事故の約８時間前にも、長野県安雲野市内で追突事故を起こしている。このバスは信号待ちの乗用車に追突し、弾みで前に止まっていた乗用車も玉突き衝突。バスには運転手のほか添乗員と乗客ら計30人が乗車していたが、全員けがはなかった。バスは乗客を降ろし、その後、大阪の会社に戻る途中、高速道路を約110ｍ逆走しながら乗用車など９台に次々と衝突する事故も起こしていた。

e．高速隊は運転手の回復を待って自動車運転過失傷害の疑いで事情を聞き、運転手は一連の事故は居眠り運転が原因であることを認めた。

f．大阪市淀川労働基準監督署は直ちに立入調査を実施。国土交通省近畿運輸局も監査を行う。

g．N交通は、2009年に運転手が新潟県内で起こした死亡事故で国土交通省近畿運輸局の監査を受け、点呼記録の不備や健康状態の適切な把握をしていなかったことが発覚。2010年に一部のバスを使用停止とする処分を受けた。2012年にもバスの使用停止の処分を受けている。

※類似の自動車事故

a．トラックと乗用車衝突（広島・３人死亡）

広島県世羅町の国道184号交差点で乗用車と対向してきたトラックが衝突。乗用車に同乗していた女性３人が頭や胸を強打し、搬送先の病院で死亡を確認。乗用車運転の女性も胸の骨を折る重傷。トラック運転手は事故のはずみで横転し、軽傷。

現場は信号のない三差路交差点で、乗用車は、国道からわき道に入ろうと右折中だった。

b．乗用車轢（ひ）き逃げ２件（京都・重傷２人）

2013年11月～2014年３月の５ヵ月の間に、筆者の住んでいる地域において２箇所で乗用車が走行者１人、自転車で走行中の学生１人を相次いで轢いた。

「目撃者がおられたら最寄りの警察にお知らせください」という立看板があった。その後立看板はなくなったので、犯人が見つかったかどうかはわからないが……。いずれも近くの病院に運び込まれ、死亡には至らなかったものの重傷。

⑵　原因

ａ．「居眠り運転」を引き起こしたのは十分な睡眠をとっていないもので、かつ、過重労働である。

ｂ．ドライバーとして、また観光客を乗せている観光バスの運転手ならば、より以上に安全運転が望まれるところを「居眠り運転」をしている。これは許せない!!

ｃ．道路交通法違反であり、自動車運転過失傷害とされても致し方ない。

ｄ．過去にも何回も違反を起こしていることに反省の姿勢は全く見られない。

ｅ．経営者自身が運転していて、違反している。

ｆ．長距離の観光バスの場合、２人の運転手がいるのが一般的であるが、Ｎ交通は１人のみである。「居眠り運転」は当然起こるべくして起きているものと考えられる。

⑶　今後の対応策

ａ．この会社こそ、ISO39001、道路交通安全マネジメントシステムを認証登録し、安全運転をなすべきである。

ｂ．長距離運転の場合、交替ドライバーも同乗すること。

ｃ．道路交通法を確実に守ること。

ｄ．利欲より前に大事な「安全・安心」を心得ること。

ｅ．CPD教育を実施すること。

⑷　対応すべき国際規格

ISO39001

4.2 利害関係のニーズ及び期待の理解

5.1 リーダーシップ及びコミットメント

5.3 組織の役割、責任及び権限

6.2 リスク及び機会への取り組み　7.3 力量　7.4 認識

8.1 運用の計画及び管理　8.2 緊急事態への準備及び対応

9.2 道路交通衝突事故及び他の交通道路インシデントの調査

10.1 不適合及び是正処置　10.2 継続的改善

ISO9001

9.1.2 顧客満足

⑸　教訓

ａ．飲んだら乗るな　ｂ．乗るなら法を守れ　ｃ．注意義務

ｄ．注意力・集中力・責任力をもとう

14、工場の炉爆発（重傷１人、負傷４人）

⑴　背景

ａ．2014年５月16日午後11時30分頃、愛知県豊橋市内の鉄鋼製造会社「Ｔ工業豊橋製造所」で、炉が爆発し５人の負傷者が出た。

　事故当時、製造所内で従業員６人が鉄のスクラップを溶解する作業を行っていた。

ｂ．爆発により少なくとも１人が全身やけどなどで重傷。ほかの４人が負傷した。

ｃ．Ｔ工業は東証一部上場の大手鉄鋼メーカーで、鋼材や建設機械用部品などの製造をしている。

⑵　原因

a．慣れてくると、だれることがある。たとえ経験豊富な腕前のある人であっても「だれる」ことがある。

b．作業前の設備（インフラストラクチャー）点検が十分ではなかった。

c．始業前点検とともに、指差し点検も必要。

⑶　今後の対応策

a．この度の事故を教訓にして、人の教育・認識・自覚を行うこと。

b．「ヒヤリハット」（ハインリッヒの法則）はあらゆる仕事において注目されており、この法則を応用して、「人の力量」を向上させること。

c．設備も経年変化（劣化）していく。定期的に設備点検をすること。

d．作業前点検及び作業前教育も実施すること。

⑷　対応すべき国際規格

ISO9001

6.1 リスク及び機会への取り組み

7.1.3 インフラストラクチャー

7.1.4 プロセスの運用に関する環境　7.1.6 組織の知識

7.2 力量　7.3 認識　8.5 製造及びサービスの提供

10.2 不適合及び是正処置　10.3 継続的改善

OHSAS18001

4.3.2 法的及びその他の要求事項

4.4.1 資源、役割、実行責任、説明責任及び権限

4.4.2 力量、教育訓練及び自覚
4.4.3 コミュニケーション、参加及び協議
4.4.7 緊急事態への準備及び対応
4.5.1 パフォーマンスの測定及び監視　4.5.3.1 発生事象の調査

⑸　教訓

ａ．油断大敵　ｂ．油断はけがのもと　ｃ．責任重大
ｄ．和して同ぜず

15、注射器5,600本、無許可販売

⑴　背景

ａ．兵庫県姫路市の内科循環器科の医師で病院の理事長を務める男性は、無許可で注射器を販売し、2014年５月29日、薬事法違反（高度管理医療機器の無許可販売）容疑で逮捕された。
ｂ．容疑について同男性は認めている。
ｃ．2009～2013年の間に医療機器販売会社から注射器約64,100本を購入。
ｄ．購入目的は販売目的で仕入れたことも認めている。
ｅ．2013年９月～同12月の間、院内で覚醒剤取締法違反などで公判中の無職の男性に、注射器計5,600本を２回に分け計12万円で販売した。
ｆ．上記の男性は覚醒剤を複数の男に販売したなどとして逮捕され、使用していたトランクルームから大量の注射器が見つかり、県警が入手ルートを調べていた。

g．理事長が売った注射器は、上記の男性を通じて覚醒剤使用者に渡った。

⑵　原因

a．医師として、まして病院のトップである理事長の立場にありながら、金銭欲が強かった。
b．薬事法違反（高度管理医療機器の無許可販売）容疑である。
c．覚醒剤取締法違反の人物に注射器を販売している。
d．その人物から、他の覚醒剤使用の人々に販売している。

⑶　今後の対応策

a．悪の根源を直すためには、医師に販売する業者は「何に、いつ、どこで、いくつ使用するのかを聞いたうえで」販売し、記録に残しておくことが初期対応策として効果的である。
b．購入した病院も、一連の記録を保管しておくこと。
c．万一、悪使用、悪販売をした場合は、行政は厳しく罰するとともに、即座に公表すること。
d．このような医師や病院に対して、免許の剝奪及び開業停止処分を行政が行うこと。

⑷　対応すべき国際規格

ISO9001

7.1.3 インフラストラクチャー

7.1.4 プロセスの運用に関する環境　7.1.6 組織の知識　7.2 力量

7.3 認識　8.4.3 外部提供者に対する情報

8.5.1 製造及びサービス提供の管理　9.1.2 顧客満足

9.3 マネジメントレビュー　10.2 不適合及び是正処置
10.3 継続的改善

⑸　教訓

ａ．悪銭身につかず　ｂ．あぶく銭、身を滅ぼす
ｃ．一事が万事　ｄ．援から怨、怨から厭に　ｅ．人間失格
ｆ．他人の褌（ふんどし）で相撲をとる
ｇ．相撲に勝てども己は負けて地獄

16、悪質運転多発防止に関する法施行!!

⑴　背景

ａ．2011年、栃木県鹿沼市における事故（６人死亡）
　てんかんの発作を起こした運転手のクレーン車が小学生の列に突っ込み、６人が死亡。
ｂ．2012年、京都祇園の事故（19人死亡）
　軽ワゴン車暴走事故では、運転者が持病のてんかん症状があるにもかかわらず、経営者はその事実を知りながら運転させ、てんかん発作が原因で19人が死亡。
ｃ．2012年、京都府亀岡市の事故（10人死傷）
　無免許運転していた男性は数日間十分な睡眠もせず。
ｄ．以上の他、長距離トラックや観光バス運転など多くの交通事故が発生している（別項及び拙著『「人災」の本質』参照）。
ｅ．四十数年前、私は息子が運転する乗用車（社用車）の助手席に同乗（シートベルト着用）の際、直線道路にもかかわらず、

後方の乗用車がすごいスピードで激突!!　そのショックで私は前のめりになってしまった。早速近くの総合病院で診断してもらうが、そのときは頭と左足に擦傷（すりきず）程度で、それ以外異状はなかったものの、数ヵ月後から「腰痛」と「左足の痺（しび）れ」が「発症」し、今も続いている。損保業界の有様が問われる。

(2)　原因

ａ．持病をかかえているのにもかかわらず運転。

ｂ．睡眠不足による運転。

ｃ．注意散漫の運転。

ｄ．長距離運転による「だれ」。

ｅ．携帯やスマホなどを使いながらのため左右前後確認を怠る。

ｆ．飲食をしながらの片手運転。

ｇ．逆走（反対車線）運転。

ｈ．飲酒運転。

ｉ．スピード違反。

(3)　今後の対応策

ａ．やっとというか、今まで何だったのかという思いがあるものの、悪質運転を厳しく処罰する「自動車運転死傷行為処罰法」が2014年５月20日に施行されることが決定したことは誠に嬉しいかぎりである。

ｂ．新法の施行が事故発生の抑制につながることを願う。

ｃ．悪質な運転や持病などが原因の死傷事故の罰則を引き上げたことは良いことだが、この新法に基づく取り締まり強化とともに、自動車運転教習所などにおいても事故前例を教材にして免許取得希望者に教育することを併せて行うことが望ましい。

※1　教育の一助として、本書並びに拙著『「人災」の本質』などが役立つものと思われる。

※2　自動車運転教習所や、組織（企業）が所有する乗用車（社用車）、重機などの安全運転のためのツールとして、とくに「ISO39001：2012道路交通安全マネジメントシステムー要求事項及び利用の手引」の取り組み（認証登録）を推奨する。

(4)　対応すべき国際規格

ISO39001

5.3 組織の役割、責任及び権限　6.2 リスク及び機会への取り組み
6.3 RTS パフォーマンスファクター　7.1 連携　7.3 力量
7.4 認識　9.1 監視、測定、分析及び評価
9.2 道路交通衝突事故及びその他の道路交通インシデント調査
10.1 不適合及び是正処置　10.2 継続的改善

ISO9001

4.2 利害関係者のニーズ及び期待の理解
6.1 リスク及び機会への取り組み　7.1.6 組織の知識　7.2 力量
7.3 認識　9.1.2 顧客満足　10.2 不適合及び是正処置
10.3 継続的改善

(5)　教訓

a．街、道はみんなのもの　b．道徳は人のためにあり
c．車は凶器　d．脇見運転事故のもと
e．運転専念、自分も他人（ひと）も安全・安心

17、違法土砂受け入れ、残土崩落

(1)　背景

ａ．2014年２月、大阪府豊能町において大量の建設残土が崩落。

大阪市旭区の建設会社の元社員Ｅ氏は違法な土砂の受け入れで、約１年６ヵ月の間に２億円以上を手にしていたことが判明。大阪府砂防指定地管理条例違反により2014年３月３日付で起訴。

ｂ．同社は家庭菜園を造成する名目で2012年10月に開発許可を受けたものの、実際には、近畿一円の建設会社向けに「残土券」を１枚5,000～6,000円で販売。１日100～150台のダンプカーを受け入れ、不正に得た代金はおおむね２億円を超えていた。

同社を実質的に経営していたのはＥ氏だったことが府警の捜査で判明。

ｃ．同社社長として2014年２月に、同条例違反容疑で逮捕されたＦ氏は知人のＥ氏の依頼で名義だけ社長になっていた。

ｄ．Ｅ氏が収益を管理する銀行口座はＦ氏名義で開設させ、通帳などを搾取したとして、Ｅ氏は詐欺教唆容疑などで、依頼を受けて開設したＦ氏は詐欺容疑で再逮捕。Ｆ氏は容疑を認めている。

ｅ．Ｅ氏は容疑を否認しているが、計画的犯行を疑う。

(2)　原因

ａ．大量土砂残土崩落。

ｂ．砂防指定地管理条例違反。

ｃ．廃棄物処法違反。

d．私文書偽造違反。
e．建設会社に「残土券」を販売。
f．残土を受け入れ、不正代金約2億円以上を不当に受けている。

⑶　今後の対応策

a．残土の不法投棄は本件にとどまらず、他の都道府県でも起こっている。行政は書面だけではなく、現地の状況を初期の段階で発見（検証）することが第一の対応策と考えられる。
b．計画的犯罪行為そのものを人間として許すべきではない。正しい生き方のできる「人」を導くために、処罰は法律により厳しくすることが望まれる。
c．正直に生きている「人」の心を無にしないためにも、上記の2項を律することが大事である。

⑷　対応すべき国際規格

ISO14001
4.2 利害関係者のニーズ及び期待の理解
5.1 リーダーシップ及びコミットメント
5.3 組織の役割、責任及び権限　6.1.2 著しい環境側面
6.1.3 順守義務　6.1.4 脅威及び機会に関連するリスク
6.2.1 環境目的
6.2.2 環境目的を達成するための取り組みの計画策定
7.1 資源　7.2 力量　7.3 認識　7.4.2 内部コミュニケーション
7.4.3 外部コミュニケーション　7.5 文書化した情報
7.5.3 文書化した情報の管理　8.1 運用の計画及び管理
8.2 緊急事態への準備及び対応　9.1.2 順守評価　9.2 内部監査

9.3 マネジメントレビュー　10.1 不適合及び是正処置
10.2 継続的改善

注記：「付属書Ａ（参考）この国際規格の利用の手引」を考慮すること。

⑸ 教訓

ａ．法は守るべくしてある　ｂ．悪人なくして良人に
ｃ．よく考えよ、「善と悪は表裏一体」　ｄ．正直者が馬鹿を見る

18、農薬混入、アクリフーズ事件

⑴ 背景

ａ．アクリフーズ群馬工場においての農薬混入事件はある人物による単独悪行為である。偽計業務妨害容疑で逮捕された同工場の契約社員が自分の休憩時間に担当区画外に出入りし農薬を混入した。
ｂ．工場内には、作業員が担当以外の区画に自由に出入りできる場所と時間がある。
ｃ．工場の稼動中は「班長」が統括として、製造ラインの様子を見渡し、衛生面のチェックなどをしながら、班員の動作を確認している。したがって、業務中に自分の担当場所を離れることは困難である。
ｄ．ところが休憩時間は監視の目がない。よって比較的自由に行動は可能である。このため、包装室など監視が比較的緩い場所では混入は可能な体制である。

e．工場は１日原則８時間30分拘束であるが、休憩は１時間の長めのものと、トイレや水飲みのための数分間程度のものがある。

f．この内、１時間の休憩では、従業員は持ち場を離れ、食堂への移動や食事をとる時間が多い。したがって、休憩時間以外の時間帯で混入することが十分可能であった。

g．工場内は商品ごとの製造ラインや施錠されていない工程の最終段階にあたる包装室は出入りが自由であった。

h．工場内は、商品ごとの製造ラインや施錠（せじょう）されていない場所（部署）は従業員同士が顔なじみなら、担当者以外が立ち入っても、何らとがめられない雰囲気がある。

i．県警は「工場内には管理体制の緩い区画が随所にあり、まわりに怪しまれず、農薬混入を実行できる状況にあり、犯人（容疑者）の勤務実態を調べる」と言っていた。容疑者は、ピザの生地を加工する「クラフト班」所属。通常は４～５人で業務プロセスに取り組んでいた。

(2) 原因

a．「正規社員」ではなく「契約社員」であるがために、人間の心理状態として何らかの不満を常々持っており、その不満が増大していた時点が犯行日となったものと推測される。この状況は他企業においても、しばしばある。

b．１時間の休憩時間帯においては、監視の目が全くないので、社員であれば自由に行動ができる。監視体制に欠陥がある。

c．商品ごとの製造ラインや施錠されていない最終工程にあたる包装室は出入り自由になっている。

d．従業員同士は常日頃顔なじみであるがゆえに、担当部署以外に立ち入っても疑いを全くかけられなかった。

ｅ．ａで述べたように、日頃のストレスがたまりにたまって犯行に至った。いわゆる精神的異常（トラウマ状態）が頂点に達していた時期とも考えられる。

ｆ．監視体制が甘いため、場外持ち出しや持ち込みも容易であった。

⑶　今後の対応策

ａ．各工程を含め、工場全体にたとえば監視カメラを設置すること。

ｂ．休憩時間帯は交代の監視員を配置すること。

ｃ．内部コミュニケーションをより以上に強化すること。

ｄ．たとえ契約社員といえども、正規社員と同様の勤務時間ならば、健康診断とともに、心のケアのできる産業医や上層部の人々が部下の公私にかかわらず相談できる窓口（仕組み）を設けることも一考である。

ｅ．⑴背景及び⑵原因の項から読み取れるとおり、働く人間として、平等の精神を重んじ、監視体制を強化することが十分ではなかった。各プロセスに対応するマネジメントシステムそのものが十分ではない……等を促進強化するのは、すべて人である。人の心に悪いすき間風が入らないよう組織の改善をすること。

⑷　対応すべき国際規格

ISO9001

4.2 利害関係者のニーズ及び期待の理解

5.3 組織の役割、責任及び権限

6.1 リスク及び機会への取り組み

7.1.5 監視用及び測定用の資源　7.1.6 組織の知識　7.2 力量

7.3 認識　7.4 コミュニケーション　8.1 運用の計画及び管理
9.1.2 顧客満足　9.2 内部監査　9.3 マネジメントレビュー
10.2 不適合及び是正処置　10.3 継続的改善

OHSAS18001

4.3.1 危険源の特定、リスクアセスメント及び管理策の決定
4.3.2 法的及びその他の要求事項
4.4.1 資源、役割、実行責任、説明責任及び権限
4.4.2 力量、教育訓練及び自覚
4.4.3 コミュニケーション、参加及び協議
4.4.7 緊急事態への準備及び対応
4.5.1 パフォーマンスの測定及び監視
4.5.3.1 発生事象の調査
4.5.3.2 不適合並びに是正処置及び予防処置

ISO／IEC27001

6.1 リスク及び機会に対応する活動　8.1 運用の計画及び管理
8.2 情報セキュリティリスクアセスメント
8.3 情報セキュリティリスク対応　9.1 監視、測定、分析及び評価
9.2 内部監査　9.3 マネジメントレビュー
10.1 不適合及び是正処置　10.2 継続的改善

⑸　教訓

ａ．心の病妙薬非ず　ｂ．監視はとことん、持続的改善と改革を
ｃ．内部コミュケで風通しをよくしよう
ｄ．責任・権限・義務を全う

19、コンプライアンス違反、清武・元巨人代表

(1)　背景

a．専務取締役を解任された巨人軍元球団代表・ゼネラルマネージャー（GM）清武英利氏は、自分の人事異動への不満を募らせ球団幹部との会話を隠し録りし、解任後の執筆活動などに利用するための準備をしていた。

b．東京地裁での尋問では、証拠を突きつけられた清武氏は「人事の見直しを押しつけられると思い込み、隠し録音をするしかなかった」と反論していた。

c．2011年、巨人軍はリーグ３位。同年10月20日に人事案のペーパーを渡邉会長に渡していたが、同年10月31日クライマックスシリーズ・ファーストステージで敗退したことで、フロント人事を含めて再考を求められるのは自然の流れだった。

d．成績不振の責任を問われ取締役からの解任を勝手に予想（思い込み）した。解任を受け入れる条件として、「役員報酬19ヵ月分、特別功労金3,000万円」などを記す一方、残留の条件についても自分の報酬のことが中心で、「渡邉会長を覆そうとした」と記し、コーチの人事に関する記載は一切なかった。

e．同年11月７日の社長室で談話。メモによると、GM職を解いて別の幹部を充てると伝えられた清武氏は「替える理由は何ですか」「そんなバカな」と激しい怒りを見せ、「僕の人生の岐路で、これだけ屈辱的なことはない」と言い残し、翌日会社に出社しなかった。

f．「江川問題」において、原監督とそりが合わないから原監督を選んだと思い込み、原監督への敵対心をむきだしにするものの、

他のコーチへの発言は全く見られなかった。

g．同月11日朝、文部科学省の記者クラブでの会見を申し入れた。

h．これを伝え聞いた渡邉会長からの電話に清武氏は出ず、折り返し渡邉会長に電話。このとき、清武氏は複数の協力者のいる場所で話の内容を隠し録りし、「11.11K-W電話内容」と題した音声ファイルに保存した。

i．録音データには、電話の直前、協力者の女性に対して、「どうせ俺はクビになるんだから……。はい、どうぞ、いきましょう」と軽口をたたきながら電話をかけたり、終了直後、「録れたでしょう。どうだ！」と周囲と笑い合ったりしている様子も収録していた。清武氏は、「ジョークを交えて話した」と説明したが、「コンプライアンス違反を告発する」という真剣さはなく、むしろ失言などを引き出して、渡邉会長を陥れようとしていた事実がうかがえる。

j．「江川助監督にすればコーチ人事には影響ない」「記者会見などはせずに、白石読売新聞グループ本社社長に電話した方がいいよ」と渡邉会長が助言し、「はい、わかりました」と清武氏は応じたにもかかわらず、こうした説明（助言）を無視して会見強行。無視したことからも、初めから話し合いをする気などなかったことは明らかである。

k．清武氏は隠し録音を意識してか、「いったん決まったことを鳥の一言（鶴の一声とみられる）でひっくり返すということではコンプライアンスが成りたたない」と渡邉会長に言っていた。

l．このときの自身のフレーズを、2012年３月刊行の暴露本『巨魁』の中に引用。

m．「何よりも多くのファンの方々を愛しています」と記者会見する一方、シンガポール在住の知人女性に対して、「ニュース見た？　ファンの前で泣いた。うまいだろ……」と発言。その女性は、未送信メールに書き留めていた。会見の涙は演技にすぎない。

n．2011年11月18日に解任されるまでの間、原監督について、「１億円の問題もある。“窮鼠猫を咬む”と言う言葉もありますからね」「俺はクビになるときは、監督を殺す」などと発言し、原監督に対する１億円恐喝事件を臭わせていた。

o．一方、清武氏自身が作成した“「11月13日」桃井社長からの電話等”と題したメモにも、「原監督は自らも不祥事をもっているんだから、こそこそやって、僕のGMの仕事を妨害しないように」と述べたと記載するなど、原監督に関する不穏当な発言を自ら裏付けていた。

p．さらに同メモによると、清武氏は桃井社長に、渡邉会長は取締役会長から退き、自分は常勤監査役となるという「ポスト要求」も伝えていた。

q．清武氏は、2014年６月５日行われた東京地裁での尋問でさまざまな証拠により以上に記した事実があるにもかかわらず、「不穏当な発言をした記憶はない」「ポスト要求もしていない」などと執拗に答えている。

(2)　原因

a．コンプライアンス違反である。

b．会話の隠し録り（録音データ）は個人情報保護法違反である。

c．解任受け入れ条件で多額な金銭を要求することは、一種の恐喝に当たる。

d．巨人側に言っていることと、実際の行動は、雇用主（側）を無視し、身勝手である。

e．知り得た情報を知人や報道陣に話し、暴露本などにより世に知らせているのも個人情報保護法違反である。

f．「アントンピラ命令」に従って調査された、東京地裁の判断は妥当である。

g．二重人格者で、しかも自分本位は組織や世の中では信用されない。

〔参考〕清武氏の解任までの経緯（2011年）

10月20日　桃井社長と清武氏が渡邉会長にコーチ人事案を提示

11月４日　渡邉会長が報道陣などに、コーチ人事が確定したかのように報道されていることへの不快感を表明

同　７日　桃井社長が、渡邉会長から聞いたフロント人事案や江川氏招聘案を清武氏に伝える

同　11日　清武氏が記者会見前に渡邉会長に電話し、会話を録音。その後、文科省記者クラブで会見

同　18日　巨人軍株主総会で清武氏を取締役から解任

※「アントンピラ命令」

シンガポールの法律で定められた民事保全手続きで、重要な証拠が処分、隠匿される恐れがある場合などに、裁判所が立ち入り調査や証拠（電子データを含む）の差し押さえを認める。同命令に基づき調査された清武氏の知人女性のパソコンからは、巨人軍などの内部文書数百点も発見された。

(3)　今後の対応策

a．組織の就業規則及び付属書等、違法行為なども加えて、採用

段階で組織は十分説明し合意の証拠を保存すること。

b．ISO9001などISO関連においても、「法令・規制“等”の要求事項がある。“等”の中には当然、国際法、国内法、組織の規則等もすべて含まれていることに着目して、組織におけるリスクマネジメントを確実にすることが最も望まれる。

c．文書管理（文書及び記録）に関しても、国際規格（ISOやIECなど）に明記され、要求事項として確実に保管することを要求されている。

d．音声ファイルによる隠し録りをし、悪用したことは、機密情報漏洩になる。すなわち、コンプライアンス違反である（個人情報保護法違反）。

e．解任条件の要求は、いわば「恐喝罪」に相当する。

f．「原監督を殺す」との発言は「殺人未遂罪」になる恐れがある。

以上のような行動は、やがて“身を滅ぼすこととなる”のでご注意ご注意!!

⑷　対応すべき国際規格

ISO／IEC27001

4.2 利害関係者のニーズ及び期待の理解

5.3 組織の役割、責任及び権限

6.1 リスク及び機会に対処する活動　7.2 力量　7.3 認識

7.4 コミュニケーション　7.5 文書化した情報

8.1 運用の計画及び管理

8.2 情報セキュリティリスクアセスメント

8.3 情報セキュリティリスク対応

ISO9001

4.1 組織及びその状況の理解

4.2 利害関係者のニーズ及び期待の理解

5.1 リーダーシップ及びコミットメント

5.3 組織の役割、責任及び権限　6.1 リスク及び機会への取り組み

7.1.4 プロセス運用に関する環境

7.1.5 監視用及び測定用の資源　7.1.6 組織の知識　7.2 力量

7.3 認識　7.4 コミュニケーション　7.5 文書化した情報

8.1 運用の計画及び管理　8.5.2 識別及びトレーサビリティー

9.1.2 顧客満足　9.1.3 分析及び評価　9.2 内部監査

9.3 マネジメントレビュー　10.2 不適合及び是正処置

10.3 継続的改善

⑸　教訓

ａ．悪は滅びる　ｂ．我身勝手は人に非ず

ｃ．紙一枚盗ってもドロボウ　ｄ．嘘偽りの性分では身はもたず

20、福島原発汚染水、「凍土壁」だけで良いのか？

⑴　背景

ａ．政府と東京電力は、凍土壁を汚染水対策の柱として位置づけ、約320億円の国費を投入して2015年度初めの完成を目指し設置工事が始まった（2014年２月２日決定）。

ｂ．建屋周辺の地下には、重要な配管や電気系統ケーブルが多数埋設されている。これらを誤って傷つければ、原子炉を冷却す

る機能が損なわれる恐れがある。現場は放射線レベルが高く、作業員の被爆を最小限にとどめる必要もある。

c．凍土壁の設置には、研究開発費の名目で政府は320億円の費用負担をする。冷却のために消費する電力は、一般家庭の１万3,000世帯分で、単純計算で年間10億円以上かかる。

d．問題は、これだけの巨費を投じた工事で建屋への地下水流入を確実に抑えられると説明されてはいるものの、果たして本当に抑止可能だろうか。疑問が生じる。

e．そもそも凍土壁は、トンネル工事の際に地下水を封じ込める臨時工法として用いられてきた。原発汚染水防止策として、同工法は機能的に十分なのか疑問である。

f．均一に凍らないと、地盤沈下が起きる恐れがある。冷却機能の故障で凍土壁が解けてしまうと、汚染水が解けてしまい、汚染水が建屋から周囲に広がる危険性もある。凍土壁への過度の期待は禁物である。

g．汚染水は、１日に300～400tずつ増えている。敷地内の貯蔵タンクはすでに約900基に上り、その保守、監視などに多数の人員を割かざる得ないだろう。

凍土壁は、地下水が流れ込むのを防ぎ、汚染水を増やさないのが目的で、１～４号機の周囲約1.5㎞を囲う。地中約30ｍまで掘削して1,550本の管を１ｍ間隔で地面に打ち込み、管の中に零下30℃の冷却剤を巡らせて、周りの土約７㎥を凍らせて壁面をつくる工法である。

h．国は「集中復興期間」を「５年間」とし「復興特需」で建設業界は人手不足資機材不足などのため、仕事を受けたくても受けられない状況である。従って「５年間」では完了不可能と思われる。

⑵ 原因

a．「過去のトンネル工事において凍土壁で対応し成功した」といえども同じ工法を安易に使うことに問題がある。

b．なぜ、そもそも原子力に頼るのか、原点に戻り政府や政治家は検討すべきである。

c．今までの費用、今回の費用、これからの費用は莫大（ばくだい）（集中復興費用約26.3兆円）であり、事業費のすべてが国民の税でまかなわれている事実を自覚していない。

⑶ 今後の対応策

a．新しい工法を取り入れる場合には、実験を繰り返して安全確認をなすべきである。素人でもわかることだが、土木業界・建築業界でも同様に実証して安全確認の後採用すべきである。

b．もっと大事なことだが、日本は川や湖も多くある。水力発電を増やすのが妥当な手法だと思う。

c．前例なき工法は、ａ項に述べたとおり、リスクがあるので避けるべきである。

⑷ 対応すべき国際規格

ISO9001

5.3 組織の役割、責任及び権限

6.1 リスク及び機会への取り組み

7.1.3 インフラストラクチャー

8.3 製品及びサービスの設計、開発　9.1.2 顧客満足

ISO14001

4.2 利害関係者のニーズ及び期待の理解

5.1 リーダーシップ及びコミットメント　6.1.3 順守義務
6.1.4 脅威及び機会に関するリスク　7.1 資源　7.2 力量
7.3 認識　9.1.2 順守評価　9.2 内部監査
9.3 マネジメントレビュー　10.1 不適合及び是正処置
10.2 継続的改善

⑸　教訓

ａ．人の命は銭では買えない　ｂ．人命尊重　ｃ．本末転倒
ｄ．人的破壊　ｅ．リスクを背負う周辺住民不満いっぱい

21、正せ!!　インフラ老朽化　その１：橋

⑴　背景

ａ．会計検査院：調査

①高速道路上にかかり、所在地の自治体が管理している陸橋（跨道橋4,484箇所）の耐震性や点検状況を調査したところ、1,553箇所（約35％）で耐震化が十分でなかった。高速道路は、災害時に救助活動や物資運搬に使用される緊急輸送道路となる。

②阪神大震災クラスの大地震で崩壊や倒壊の恐れがある1980年以前の設計基準で施行された橋梁は、全国で2,454箇所あり、耐震工事が必要にもかかわらず、1,491箇所では検討すらなされていない。検討したが、実施されていない橋梁は49箇所、一部だけ耐震化が実施された橋梁は13箇所のみである。

③点検を全く行っていない陸橋は635箇所。点検したかどうかわからない橋548箇所。

④点検した場合でも、60％（329箇所）以上は遠くからの目視によるものである。

b．国土交通省：点検マニュアル

①2004年の新潟県中越地震以降、橋の補強や補修を行う自治体に補助金を出すなど、橋の耐震化が進められている。

②しかしながら、高速道路にかかる陸橋の大半は近隣住民向けの生活・農業用道路で、交通量の少ない場合が多い。

③国交省が作成した国管理の点検要領では、「供用開始後２年以内に実施し、それ以降は５年ごとに実施すること」になっている。

⑵　原因

a．自治体の対応がない。

b．新設計基準の認識・自覚がない。

c．統一した点検のためのマニュアルを国交省は作成していない。

d．補助金の有効性、効率性の活用がされていない。

⑶　今後の対応策

a．点検に関する統一したマニュアルを迅速に作成し、自治体に認識・理解・自覚を促すこと。

b．マニュアルの中に、補助金制度や定期点検・緊急（臨時）点検の要領、点検結果評価書（たとえば、「現状維持・一部補修・全面補修・掛け替え・使用禁止」の５段階）にて容易に評価可能な様式（フォーマット）も文書化すること。

c．補助金制度は残して当然だが、一方、点検実施を軽視している、もしくは安易な点検で済ませている自治体に対しては、罰則（たとえば、「他の補助金や交付金の一部または全額支給無し」に関する項目も文書化すること）。

d．自治体は住民及び通行者の安全を守ることの重要性を十分自覚して実行すること。

⑷　対応すべき国際規格

ISO9001

4.2 利害関係者のニーズ及び期待の理解

5.3 組織の役割、責任及び権限

6.1 リスク及び機会への取り組み

7.1.3 インフラストラクチャー

7.1.4 プロセスの運用に関する環境

7.1.5 監視用及び測定用の資源

7.1.6 組織の知識　8.3 製品及びサービスの設計・開発

8.7 不適合なプロセスアウトプット、製品及びサービスの管理

9.1.2 顧客満足　9.1.3 分析及び評価　9.2 内部監査

9.3 マネジメントレビュー　10.2 不適合及び是正処置

10.3 継続的改善

⑸　教訓

ａ．実行賞賛　ｂ．徹頭徹尾

ｃ．報・連・相、ことばだけに終わらせぬ　ｄ．罪（つみ）と罰（ばつ）

ｅ．賞と罰　ｆ．値（あたい）千金

注記：国土交通省は2014年７月から都道府県や市町村道にある橋及びトンネルを５年ごとに点検することを各自治体に義務付けた。点検した結

果は安全性を4段階で自己評価し、レベルに応じた対策に取り組むこととされたのは全国の自治体にとっては重い課題ではあるものの、厳守することによって、国民からは当然なことだが、全面実施を確実にしたならば賞賛されるだろう。

22、正せ!! インフラ老朽化 その2：トンネルと橋

[インフラの適切管理の極意]

a．老朽化は、人間はもとより動物も植物も、そしてあらゆるインフラストラクチャー（略してインフラ）に起こる当然の現象である。

b．インフラストラクチャー（infrastructure）とは本来、「下部構造」を意味するが、道路・鉄道・港湾・ダム・橋梁・トンネルなど産業基盤の社会資本のこと。最近では、学校・病院・公園・社会福祉施設など生活関連の社会資本も含める。と同時に組織はもとより家屋の施設なども含めて、インフラと言う。

c．自己評価の手法については、「JISQ9005：2014、品質マネジメントシステム—持続的成功の指針」の活用を推奨する。

(1) 背景

a．全国の各自治体にとっては重要課題でもあるが、現状のまま放置（不十分管理）しておくならば、使用する人々にとっては、大事故になりかねない。そのときに必要とする費用（公費）は莫大で予測も不可能である。

b．老朽化している橋やトンネル（他のインフラもそうだが、本

項では「橋とトンネル」に限定）を点検し、迅速に安全対策を講じる必要がある。

※必要性がわかっているのか、わかっていないのか、「わかっちゃいるけど○○ない」では、「人命尊重の自覚が欠如（けつじょ）している」と思われても何ら抗弁（こうべん）不可能である。

c．国土交通省は2014年７月から都道府県と市町村道にある「橋とトンネル」を５年ごとに点検するよう、各自治体に義務づけた。点検管理手法は以下のとおりである。

　自治体は「橋とトンネル」の「安全性」を「４段階方式」により自己評価し、各レベルに応じた対策（対応策）を取ることを義務づけている。

d．とくに、構造物の機能に支障が生じたり、その可能性が著しく高かった場合“緊急措置段階”と位置づけ、迅速な修繕や通行規制を実施しなくてはならない。

e．高度成長期に整備されたインフラの損傷や劣化は今後急速に進む。完成から50年以上が経過する施設は10年後、全国の橋梁４割、トンネル３割に達するものと思われる。とくに自治体は、全国に約70万箇所の橋梁は９割、約１万箇所のトンネルの７割もある。老朽化対策は待ったなしである。

f．2012年12月に起きた「中央自動車道・笹子トンネルでの天井板崩落事故」を始め、目で見ても鉄筋がむき出しになったり、コンクリートがはがれていたりなど、土木技術の専門家はもとより、素人でも危険を感じる場所は、道路本体も含めて多くあるのが実態である。

笹子トンネル事故を受けて、事故後初めてトンネルを点検したのは約３割にすぎない。

⑵ 原因

ａ．自治体同士共通の点検基準がないばかりか、点検基準すら存在しない自治体もある。
ｂ．点検基準がある自治体においても検査頻度や安全性の評価方法も各自治体でまちまちである。
ｃ．自治体の安全対策は十分であるとは到底言い難い。
ｄ．たとえ政府の補助金があったとしても、自治体の技術職員と資金不足にも問題がある。
ｅ．自治体の長たる人（トップ及び管理者層）の自覚がない。

⑶ 今後の対応策

ａ．点検や安全診断を一律（統一化）に自治体へ課し、老朽化対策をとるにとどまらず、運用指導もなすべきである。
ｂ．老朽化対策に消極的になっている自治体には予算（資金）や技術力強化のために自治体の自助努力とともに、政府の補助金アップと自己評価手法などを含め支援すること。

政府・自治体に定期点検や安全評価を義務づけるだけでは効果がない。

ｃ．過疎化によりほとんど利用されていないインフラは閉鎖して、点検や修繕の対象を絞り込み（当然、交通量調査をした後であるが）費用対効果も自己評価をすること。
ｄ．近隣の市町村（複数化）が建設コンサルタントや補償業務コンサルタントおよび施工会社などの技術専門企業に一括発注する。それが予算（費用）の効率性・有効性にも役立つ。

ｅ．国や上記ｄ項の専門技術者を人材難の自治体に派遣し、高度な技術を要する点検・修繕を代行してもらう仕組みを確立すること。

ｆ．自治体の技術力を高める研修会を実施すること。

ｇ．自治体職員対象に、点検・修繕等の力量を確保するために、資格制度を確立すること。

ｈ．以上をより充実させるために各自治体は、国際規格のうち、ISO9001もしくはISO39001の認証取得をすれば、確実に「インフラ管理の重要性」と「インフラ運用管理」が可能であることを自信をもって推奨できる。

⑷　対応すべき国際規格

ISO9001

4.2 利害関係者のニーズ及び期待の理解

5.3 組織の役割、責任及び権限

6.1 リスク及び機会への取り組み

6.2 品質目標及びそれを達成するための計画策定

7.1.3 インフラストラクチャー　7.1.5 監視用及び測定用の資源

7.1.6 組織の知識　7.2 力量　7.3 認識

8.2.1 顧客とのコミュニケーション

8.3 製品及びサービスの設計・開発

8.7 不適合なプロセスアウトプット、製品及びサービスの管理

9.1.2 顧客満足　9.1.3 分析及び評価　9.2 内部監査

9.3 マネジメントレビュー　10.2 不適合及び是正処置

10.3 継続的改善

⑸ 教訓

ａ．先手必勝　ｂ．是正より予防を

ｃ．後手になるほど高くつく　ｄ．他人(ひと)の褌(ふんどし)で相撲をとるな

ｅ．リスク回避は予防先勝

ｆ．モノ言わず、悩み苦しむインフラの想いを人は受け取れ

ｇ．欠如が招く悲劇

注記：『「人災」の本質』第１章の３、４、５項を参考にするとよい。

23、正せ!!　インフラ老朽化　その３：地下街

⑴ 背景

ａ．多数の人が利用する駅地下（ターミナル駅などの地下通路に店舗が密集する地下街）は公共空間も老朽化が進んでいる。

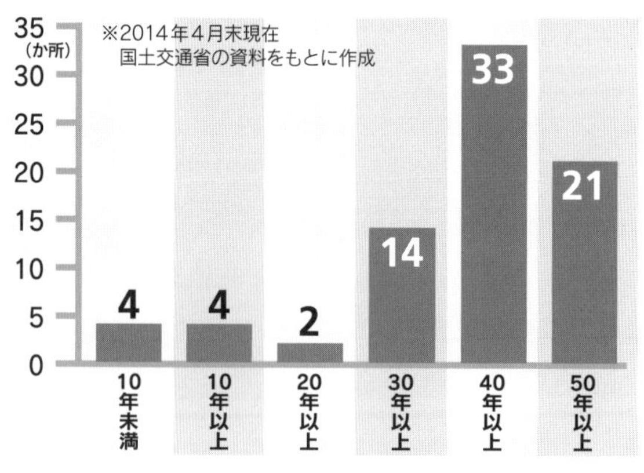

図2 地下街の築年数別の分布

b．全国78箇所の地下街を国土交通省が調査した結果、天井周りの劣化が進んでいる事実が判明。

c．さらに、築30年以上の地下街が多数あり、老朽化現象をどうするか今後の課題である。

表１　築30年以上のおもな地下街（2013年３月現在）

〔地下街名〕	〔所在地〕	〔築年数〕
大通地下街（オーロラタウン）	札幌市	42年
めんこい横丁	盛岡市	44年
八重洲地下街	東京都	48年
渋谷地下街	東京都	56年
新宿歌舞伎町地下街（新宿サブナード）	東京都	40年
ダイヤモンド地下街（ザ・ダイヤモンド）	横浜市	49年
西堀ローサ	新潟市	37年
名古屋地下街（サンロード）	名古屋市	57年
ホワイティうめだ	大阪市	50年
なんばウォーク	大阪市	44年
さんちか	神戸市	48年
松山市駅前地下街	松山市	43年
天神地下街	福岡市	37年

d．ある地下街での点検で、天井裏を調べると、設備に使われている鋼材が、錆（さび）によってボロボロに崩れ、朽ちるように切れていた。

e．地下街は「公共の地下歩道と、それに面した店舗や事務所が一体となった設備」と国交省は規定し、全国78箇所を規定対象としている。

f．高度経済成長を背景に1950年代にかけ、各地で開業が相次いだ。

g．70年代に大阪市営地下鉄谷町線の工事現場で起きたガス爆発事故（通称、天六ガス爆発事故）などを契機に、政府は地下街の新設を抑制する方針に転換。

h．バブル景気時代の80年代に規制はいったん緩和されたが、近年の地下街の開業は少なく、築30年以上が68箇所を占めている。

i．その一方、東日本大震災を契機に災害への備えに、関心が国民全体に高まり、各地の地下街が築年数を重ねているため、国交省が、2013年９～12月の４ヵ月かけて、全国地下街の点検調査を実施した。

j．重点的に点検したのは、天井周りの状況であった。点検の結果、多くの地下街にある一定の共通課題が浮かんだ。まず漏水の原因となる錆や劣化である。放置すると設備が落下する危険が増し、天井板や配管を固定する設備のもろさが目立った。

k．通常、天井板などはコンクリートに打ち付けたり、ボルトで固定する。天井の崩落を防ぐために重要な部分だが、劣化したボルトを溶接で「応急措置」をするのみで取り替えずに修繕した状況が見られる。

l．コンクリートの断面が剥がれ落ち、鉄筋などの内部構造が露出していたケースも発見されている。

m．耐震診断を実施していない地下街は40箇所。実施済みの38箇所のうち改修が必要と診断されながらいまだ未改修の地下街は４箇所もあった。

n．全国78の地下街の内、46箇所は民間会社、31箇所は第三セクターが管理している。公営の地下街は神奈川小田原市の施設（現在不業中）だけだ。

o．東京都台東区の「浅草地下街」は1955年に開業し、2015年には築60年を迎える。国交省の一斉点検した地下街の中で閉鎖予定のものを除くと最も古く、約30店舗が軒を連ねている。傷が極度に目立ちだしたのは、20年ほど前からだ。東京都内で震度

５強を記録した東日本大震災の後、水漏れが目立つようになっている。

浅草地下街を大規模改修するためには、各店舗が数千万円の費用を出す必要があるものの現状は難しいという（浅草地下道管理会会長の談話）。したがって現状を維持するための補強にとどめるしかないと述べている。

ｐ．天井が落下して死傷者が出た2012年の中央自動車道笹子トンネル事故等を教訓に、今後の対応策が求められる。

⑵　原因

ａ．天井板の落下や大規模火災などのリスクがあり、崩落した場合は膨大な要救助者が発生する。

ｂ．地下街と繋がっているビルは火災や爆発の影響が及ぶこともある。

ｃ．地下街そのものは地上より低位置にあることで水害に遭う恐れもある。

ｄ．各管理組織には、点検・補修などの技術者（有資格者）が常駐していないところが多い。

ｅ．造られた構造物は、地下街も含め、老朽化するという自覚が欠如している。

ｆ．点検基準は、全国統一のものが今まではなかった。

ｇ．点検が仮りになされていた場合も、目視点検にとどまっているのがほとんどである。

ｈ．管理責任のリスク管理意識（認識・自覚）が十分ではない。

※以上のことは地下鉄などすべての地下構造物に関しても言える。

⑶　今後の対応策

ａ．応急措置として天井にブルーシートを張り、通行人の行き来を可能にすること。

ｂ．定期的な安全点検を実施すること。

ｃ．地震や大洪水には、リスク管理のため、臨時（緊急時）の安全点検を実施すること。

ｄ．安全点検の評価基準（４～５段階）を含め、地下街安全管理ガイドラインを作成し、周知徹底をはかること。

ｅ．改修工事にかかる費用の自己負担を少なくするために、政府（国）や自治体が３分の２を負担する補助制度を創設するようだが、さらに多くの補助金を出すことも含めて管理者の負担を軽減することも必要である。

ｆ．一方、改善命令勧告に従わない管理者には、補助金ゼロや他の罰則規定を設けることも必要であろう。

⑷　対応すべき国際規格

ISO9001

4.2 利害関係者のニーズ及び期待の理解

5.1 リーダーシップ及びコミットメント

5.3 組織の役割、責任及び権限

6.1 リスク及び機会への取り組み　7.1.3 インフラストラクチャー

7.1.5 監視用及び測定用の資源　7.1.6 組織の知識　7.2 力量

7.3 認識　8.2.1 顧客とのコミュニケーション

8.3 製品及びサービスの設計、開発

8.4.3 外部提供者に対する情報

8.7 不適合なプロセスアウトプット、製品及びサービスの管理

9.1.2 顧客満足　9.1.3 分析及び評価　9.2 内部監査
9.3 マネジメントレビュー　10.2 不適合及び是正処置
10.3 継続的改善

⑸　教訓

ａ．蟻(あり)の穴から堤も崩れる
ｂ．通って安全、使って安心、癒せる人々
ｃ．観光立国恥じぬインフラ　ｄ．至極当然、保守点検
ｅ．是正会見に予防に勝るものなし　ｆ．アメとムチ、賞と罰
ｇ．管理者（トップ）よ他人事に非ず

24、姫路沖タンカー爆発炎上

⑴　背景

ａ．2014年４月29日午前９時20分ごろ、兵庫県姫路市の南約６㎞沖合の播磨灘で、広島県大崎上島町の海運会社「聖朋海運」所属の石油タンカー「聖幸丸」（998t、８人乗り組み）が爆発、炎上。
ｂ．現場付近は多くの貨物船やタンカーが行き交う海域のため、姫路海上保安部は現場の半径１カイリ（約1,850ｍ）の海上で船舶の航行と停泊を禁止。消火活動が完了するまで規制を継続した。同時に、周辺を航行する船に対して、メールで注意を呼びかけた。
ｃ．爆発前、乗組員は電動研磨機を使って、船橋部の錆を落とす作業をしており、その際に飛び散った火花が、重油が気化してタンク内に残っていたガスに引火した。
ｄ．聖幸丸は４月23日午前、関西電力相生発電所で、タンク内の

重油2,000kℓを降ろした後、姫路港で待機中だった。
e．タンカーは左舷を下にして海面近くまで約30度傾いた。
f．船は船首と後方部分を除いて全体に真っ黒に焼け焦げ、甲板上のパイプ類などが「ぐにゃり」と曲がっている。特に、左前方付近の甲板はめくれ上がり、大きな穴がそこかしこにあり、爆発のすさまじさを物語っていた。
g．同保安部の対応は早かった。同保安部と第５管区海上保安部（神戸市）は爆発炎上直後に、事故対策部を設置し、消防機能を備えた巡視艇など十数隻が集結し、そのうち３隻が海水を放出したり、消火剤をまいたりした。
h．船体中央にあるタンク付近が激しく燃え、船体は傾いていたものの、重油の海への流出はほぼなかった。
i．調査段階においては、船長は行方不明で死亡の可能性がある。重傷者４人、残る３人は無事に救助された。

表２　過去のタンカー爆発事故

2003年11月	広島県江田島市沖のドックで建造中のケミカルタンカー（499t）が爆発し、１人が死亡
同年12月	山口県上関町沖で、パナマ船籍のケミカルタンカー（4356t）に積載したエタノールが爆発。２人が死亡・行方不明に
2004年12月	愛媛県大洲市沖で、タンクを洗浄中だったパナマ船籍のタンカー（4386t）が爆発し、沈没。乗組員３人が行方不明に
2012年１月	韓国・仁川港沖で、タンク内に残ったガソリンの除去作業中だった同国船籍のタンカー（4191t）が爆発。11人が死亡・行方不明に

⑵　原因

a．気化した重油に引火した可能性がある。可燃性のガスや液体が残っていないか確認していない。
b．船橋部の錆落とし作業中に飛び散った火花が、重油の気化によりタンク内に残っていたガスに引火した。

ｃ．左舷を下にして海面近くまで約30度傾いた。

ｄ．船はそこかしこが損傷し、船体中央にあるタンク付近が激しく燃えた。

ｅ．船乗員は、残留ガスの有無の確認をしていなかった。

⑶　今後の対応策

ａ．船乗員に対し、船舶運行時の教育・訓練をし、認識の理解と自覚をさせること。

ｂ．「緊急事態への対応と準備」を上記ａ項にも取り入れて実施すること。

ｃ．リスクマネジメントを運航会社はシステム化して運営管理すること。

ｄ．緊急事態に備えて、「重油の残留の有無」の監視・点検を十分に行うこと。

⑷　対応すべき国際規格

ISO14001

4.1 組織及びその状況の理解　5.3 組織の役割、責任及び権限
6.1.3 順守義務　6.1.4 脅威及び機会に関連するリスク
7.2 力量　7.3 認識　7.4.2 内部コミュニケーション
7.4.3 外部コミュニケーション　7.5.3 文書化した情報の管理
8.2 緊急事態への準備及び対応　9.1.2　順守評価　9.2 内部監査
9.3 マネジメントレビュー　10.1 不適合及び是正処置
10.2 継続的改善

⑸ 教訓

ａ．油断大敵怪我のもと　ｂ．他人事と思わず我自覚

ｃ．人の質、モノの質、我が責任

ｄ．目先の利より、多種多様の利を

25、JR北海道事件
（杜撰な管理、ブレーキ異常、オーバーラン）

⑴ 背景

１．杜撰な管理

ａ．2013年９月25日、函館保線管理室は、翌日に国交省の監査が入ることを知ると、それまでレール幅の計測をしていなかったことを隠そうと、架空のデータをパソコンに入力し、同社の保線システムに反映した。

ｂ．レール幅の計測を定期的に実施していれば、通常「野帳」に記録資料が残されているが、その記録が全くなかったため、同室は急遽野帳に記録。

ｃ．データの捏造が国交省の監査で発覚しないようにJR北海道は組織ぐるみで偽装工作をしていた。

ｄ．同時に、他の保線管理室では、過去の検査結果を流用し、データの捏造もしていた。函館など複数部署における偽装工作が組織全体で計画的になされていたことは、人命尊重・安全運転などの視点から考察しても許し難い事件といえる。

ｅ．JR北海道は子会社の北海道軌道施設工業（本社・札幌市内）がレール検査の不備を隠すために検査数値を捏造していた。

f．JR北海道はレール検査数値の改竄(かいざん)で国交省から事業改善命令を受け、社長と会長が引責辞任した。繰り返される改竄に対し、国交省は万全な監査をする方針。

g．JR北海道によると、北海道軌道は根室線音別駅構内で線路のコンクリート製枕木を交換。カーブで列車が遠心力に負けない（耐える）よう、左右のレールにつける高低差を66㎜にすべきだったのに、過って97㎜にして敷設していた。その責任回避のために、現場責任者はすでに解雇していた。

h．敷設後に行う前後２箇所のレール検査を失念。それを隠すために、高低差が基準値内に収まっているように数値をでっちあげた。作業の４日後にJR北海道が実施した定期検査において異常が発覚。

i．それまでに140本の列車が通過していた。本来ならば測定値から判断して、即座に中止すべきレベルである。最悪の場合、脱線もありえた!!

２．ブレーキ異常

a．JR北海道の特急列車の非常ブレーキが機能しない状態だった問題で、この車輛の所属が2013年９月、札幌運転所（札幌市手稲区）から苗穂(なえぼ)運転所（札幌市東区）に変更。

b．両運転所では、非常ブレーキを作動させるため空気圧を調整するコックの開閉に関する取り扱いが異なっていた。この件に関して、「整備担当者が勘違いし、誤ってコックを閉じた可能性が高い」との事情説明をしていた。

c．JR北海道によると、札幌運転所属の車輛は、苗穂工場での検査後に機関車で牽引(けんいん)するために、非常ブレーキを作動させないようコックを閉じるが、同工場に隣接する苗穂運転所所属の場合、回送時も自力走行するため、コックを開けていなければならない。

d．問題の車輌は2013年９月、運転所の所属が札幌から苗穂に変更され、2014年７月12日、苗穂工場で定期検査がされた。JR北海道は、その際、整備担当者が札幌運転所と勘違いし、整備後に誤ってコックを閉じた可能性がある。

e．コックに触れる可能性があった整備担当者１人を中心に聞き取るものの、この担当者は「閉じていない」と否定。コックの開閉に関する記録は残っておらず、閉じた人物もわかっていない。

3．オーバーラン（230mも）

a．JR函館線ほしみ駅で、小樽発新千歳空港行き快速エアポート（６両編成）が停車位置を約230m通り過ぎて止まった。

b．運転士が通過駅と勘違いしたためで、途中でミスに気づいて手動の非常用ブレーキを使い緊急停止した。

c．乗客90人にけががなかったのは良かったものの、「勘違い」で済まされる問題ではない。

d．ほしみ駅では15人の客が乗り降りする予定だったが、列車は４分後に再び発車し、次の星置駅で停車した。

e．「トラブルが相次ぐなか、基本的なミスは許されない。深く反省し、ご迷惑をおかけして申し訳ない」と社長や広報部などが述べているが、果たしてそれでよいのか。

4．他にも杜撰な運転管理全般にわたりミス・偽装・偽造などが多発!!

⑵　原因

1．杜撰な管理

ａ．レール幅の計測は定期的にされていない。

ｂ．レール幅の計測結果を野帳に記録するのが通常であるが、その記録はない。

ｃ．計測記録をパソコンにデータ入力し捏造している。

ｄ．組織ぐるみの偽装工作をしている。

ｅ．安全運転、定期点検、緊急事態の対応、教育、訓練及び認識がなく力量が問われる。

２．ブレーキ異常

ａ．運転所変更により、非常ブレーキの機能確認・自覚がなかった。

ｂ．空気圧の調整をするコックの、開閉の取り扱いが異なっていることが伝達されず、確認していない。

ｃ．整備担当者の勘違い。

ｄ．コック開閉に関する記録が全くない。

３．オーバーラン（230ｍも）

ａ．運転手の勘違いのため、ほしみ駅を通過し230ｍ先で停車。

ｂ．４分遅れで次の星置駅で停車。

４．以上、すべては初歩的なミスを隠し通そうとする組織全体の姿勢が怠慢だと言える。

⑶　今後の対応策

ａ．トップマネジメントは責任と権限を厳守すること。

ｂ．「報告・連絡・相談」を確実にすること。すなわち「コミュニケーション力」を促すこと。

ｃ．働く人々の力量向上をなすべきであり、そのために教育・訓練を定期的に実施すること。

ｄ．記録の管理は法的にも問われる。記録の捏造（偽装工作）は絶対しないこと。

e．教育・訓練を通して、認識・自覚が可能なように組織体系を再構築すること。

f．監視測定・点検には妥当性確認は絶対必要である。正確に実施し、記録管理をすること。

g．以上のプロセスはもとより、体系的に運営管理改善するために少なくともISO9001（品質マネジメントシステム－要求事項）の認証取得をし、外部の視線として審査機関による審査を受けることが重要である。

⑷ 対応すべき国際規格

ISO9001

5.1.1 品質マネジメントシステムに関するリーダーシップ及びコミットメント

5.3 組織の役割、責任及び権限　6.1 リスク及び機会への取り組み

7.1.6 組織の知識　7.2 力量　7.3 認識　7.3 コミュニケーション

7.5 文書化した情報　8.1 運用の計画及び管理　9.1.2 顧客満足

9.1.3 分析及び評価　10.2 不適合及び是正処置

10.3 継続的改善

OHSAS18001

4.3.2 法的及びその他の要求事項　4.3.3 目標及び実施計画

4.4.7 緊急事態への準備及び対応

4.5.1 パフォーマンスの測定及び監視a)～f)　4.5.2 順守評価

4.5.3.1 発生事象の調査“a)～e)”を含む　4.5.4 記録の管理

4.5.5 内部監査　4.6 マネジメントレビュー

(5) 教訓

ａ．ポパイの如く、ホウレンソウ

ｂ．間違いを起こしてならぬ、我がため、他人のため

ｃ．つい・うっかりは、ヒヤリハット

ｄ．働く人は傍（はた）を楽に、傍に安心　ｅ．安全喪失事故多発

ｆ．馬脚（ばきゃく）露す

26、高血圧治療薬「ディオバン」薬効能虚偽・捏造

(1) 背景

ａ．高血圧治療薬「ディオバン」の臨床研究データ改竄、ノバルティスファーマ元社員がディオバンに効能・効果があるとする統計上の数値を捏造。

ｂ．誇大記述や広告により薬事法違反の疑いをかけられた2009年京都府立医大の論文は、ディオバンと、別の高血圧治療薬を併用した患者のグループと併用しない患者など複数のグループに分けて比較。併用した場合の方がさらに脳卒中の抑制効果があるなどとした。同大学研究者が2011年に海外専門誌に投稿した論文を作成する際、ディオバン研究そのものも改竄していた。

ｃ．元社員は、医師から得たデータの解析を2010年11月～2011年９月ごろの間、グループ分けを適切に行わなかったうえ、ディオバンを服用しなかった患者の脳卒中の発生件数も水増ししていた。

ｄ．さらに、グループ間で比較した際の統計上の誤差を示す数値についても、誤差がほとんど生じないかのように捏造、「併用した場合の脳卒中の発症率は、併用しなかった場合より低い」な

どとする虚偽の図表を作成していた。

e．東京地検特捜部は、患者のカルテを調べ直すなどして独自にデータ解析。その結果、図表に記載された誤差の数値は、グループ分けの操作や脳卒中の発生件数の水増しを前提としてもあり得ないもので、元社員が捏造したことが判明。

f．特捜部はノバ社にも200万円以下の両罰規定を適用した。

g．製薬業界と医学研究の信頼性を損ね、関係者は戸惑う状況。とくに千葉大を含め全国５大学の臨床研究データの改竄を巡る疑惑が浮上。

h．ディオバンは年間1,000億円を売り上げる生活習慣病治療薬の代表格。なかでもノバ社は2013年の１年間でも売上高が943億円で同社製品のトップ商品（薬品）。

i．今回の事件は2012年４月、京都大の研究者が、英医学誌でこの薬に関する論文について、血圧データの不自然さを指摘したのが問題発覚のきっかけとなった。

j．その後、臨床研究を行った慈恵医大、京都府立医大、滋賀医大、名古屋大、千葉大の５大学による調査で、京都府立医大など一部でデータの改竄が確認された。

k．元社員は、厚生労働省の検討委員会による事情聴取前に京都府立医大の研究データを管理していた業者に対し、「自分が改竄したと疑われるので、自分にデータを送ったことは言わないでほしい」と口止めしていた。業者は事実を話すよう勧めたが、元社員は厚労省に「データを受け取っていない」と虚偽の説明をしていた。

l．元社員は本来、データを受け取る立場にないにもかかわらず、業者に対して、「論文を作成する研究者を手助けするため必要だ」と送るよう要求していた。前記ｋ項などを含め、メール送信を主体にやりとりしていた。

ｍ．薬の発売元のノバルティスファーマ社は、別の４つの医師主導臨床研究に社員が不適切に関与していた。これらの研究（東大病院などが行う白血病治療研究）では、患者２人に重い副作用が生じていたことが判明（この研究は2010年４月から実施）。社員は、研究計画書やアンケート用紙の作成に関与したり、研究に参加している医療機関から研究事務局のある大学病院にアンケート用紙を運んでいた。これにより、患者情報が同社に流出した可能性は否定できない。

ｎ．２人の患者には不整脈の副作用が生じた。薬事法では、重い副作用が生じた場合、15～30日以内に国に報告することが定められている。よって、同法違反に当たる可能性もある。

ｏ．そもそもディオバン問題が発覚したきっかけは、統計学に詳しい医師、興梠（こうろぎ）貴英・自治医大准教授（医療情報）が、京都府立医大の研究論文を精査し、患者データの「あり得ない数値」を日本循環器学会に指摘したことだった。2012年秋の出来事で、その内容が同学会で明かされた。

臨床研究の質の担保に不可欠な「統計学」の専門家不足や、研究者の倫理観の欠如が、信頼をおとしめた。

〔**事例１**〕糖尿病ではない患者群1,116人のヘモグロビンAIC（糖尿病の指標）値は、「5.5±2.5」。この群の約７割の人が「３～８」の範囲に収まることを示している。しかし、6.5以上は診断基準で糖尿病とみなされる。糖尿病患者が多数混ざっていることになる。

〔**事例２**〕血液中のカリウム値に関しても問題がある。論文のデータでは検査値がマイナスになる人が存在することになるが、マイナスの体重がないように、このような計測値はあり得ない。

こうした不可解な数値がいくつもあり「誤記とは考えられず、論文が導く結論も正しいとは思えない」(以上、興梠貴英氏談。読売新聞による)。

ｐ．容疑者が関与した５大学のディオバン臨床研究

	京都府立医大	慈恵医大	滋賀医大	名古屋大	千葉大
研究概要	高血圧患者で、脳卒中や狭心症などの発症が45%減る	高血圧や冠動脈疾患などの患者で、脳卒中や狭心症などの発症が39%減る	糖尿病の高血圧患者で、肝臓を保護する効果が高い	糖尿病の高血圧患者で、脳卒中や急性心筋梗塞に差がない	高血圧患者で、心臓や腎臓を保護する効果が高い
ノバ社からの奨学寄付金	３億8200万円	１億8800万円	6600万円	２億5200万円	２億4600万円
データの操作	あり	あり	あり	なし	あり
容疑者のデータ解析関与	あり	あり	部下が関与	あり	あり
論文の扱い	取り消し	取り消し	取り消し	引き続き調査	取り下げ勧告

ｑ．ディオバンとは

世界150ヵ国以上で展開するスイスの製薬大手「ノバルティスファーマ」が開発した高血圧治療薬。100ヵ国以上で承認されている。日本では2000年から販売が始まり、昨年の国内売上額は約1,000億円で医薬品ではトップクラス。

⑵ 原因

ａ．これまで、なぜ杜撰なデータに基づく論文が見逃されていたのか？　日本国内の学会誌は、論文内容の査読（チェック）を

学会内の医師だけで行うことが多いためである。医師は結論や論理構成に関しては重視するものの、データのすべての事項（事柄）のチェックはごくまれだと聞く。

ｂ．臨床研究に基づく統計学（統計的手法）の重要性を理解していない。

ｃ．研究には、研究計画・データ解析・査読（チェック・検証）・妥当性確認のいわば、Plan・Do・Check・Action（Ｐ・Ｄ・Ｃ・Ａ）の養成講座（教育）を必修科目にしていない（養成講座を設けている大学はごくまれだ）。

ｄ．数少ない統計家の大半は製薬会社に勤めており、着目すべき事柄として、薬事法で厳密に審査される新薬の治験部門に集っており、ディオバン研究のような一般臨床研究に関する統計家を探すことが困難な現状である。

ｅ．以上の事項につけ込んだデータの改竄・偽装（偽証）を見過してきた厚労省や政治家・医大・製薬企業の体制が問題であり、過ちを犯した元社員を含めて過失では済まされない。

(3)　今後の対応策

ａ．臨床研究に携わる統計家の育成のために、すべての医大において、データ解析を含め、Ｐ・Ｄ・Ｃ・Ａを確実にさせる科目を必須科目とすること。

ｂ．人の健康に大きな影響を及ぼす医薬品の臨床研究に携わる研究者はもとより、そこで働く人々に倫理観を問い質すこと。

ｃ．研究者の恣意的判断をなくし、客観的根拠に基づく信念と研究の透明性向上を必要とすること。

ｄ．研究のルールやデータの取り扱いに対する認識・自覚を、上記の「背景」を教訓とし、基本から学ぶこと。

ｅ．研究体制の整備および、研究者教育の改善に取り組むこと。

ｆ．研究の質を担保するためには、統計家育成と研究者の再教育を実施すること。

ｇ．生活習慣病治療薬を販売しているノバ社は、「データ改竄は知らなかった」では済まされない。会社ぐるみの不正の可能性、研究者との共謀関係を調査し、直に真っ当な企業となる努力が絶対必要である。

ｈ．臨床研究に対する国の倫理指針があるが、法的規制がない。改めて、政府は、倫理指針のレビューとともに法的規制の強化を一日も早く行うこと。

ｉ．製薬企業（日本製薬工業協会会員72社）は社会的責任を重く受けとめて、改善・改革をし、人々が安全・安心を得られるよう体制を樹立すること。

⑷　対応すべき国際規格

ISO9001

4.1 組織及びその状況の理解

4.2 利害関係者のニーズ及び期待の理解

5.3 組織の役割、責任及び権限

6.1 リスク及び機会への取り組み　7.1.3 インフラストラクチャー

7.1.4 プロセスの運用に関する環境　7.1.6 組織の知識　7.2 力量

7.3 認識　7.4 コミュニケーション　8.1 運用の計画及び管理

8.2.1 顧客とのコミュニケーション

8.3 製品及びサービスの設計・開発

8.5.2 識別及びトレーサビリティー　8.5.5 引渡し後の活動

8.5.6 変更の管理
8.7 不適合なプロセスアウトプット、製品及びサービスの管理
9.1.2 顧客満足　9.1.3 分析及び評価　10.2 不適合及び是正処置
10.3 継続的改善

⑸　教訓

ａ．一夜漬け、後悔　ｂ．改竄・偽証傍迷惑　ｃ．口は禍（わざわい）の元
ｄ．前代未聞（みもん）　ｅ．台無し立ち往生　ｆ．嘘偽りに拍車をかける
ｇ．目指すところ、一心団体良きことに

ちょっと一言：本事件になぜ多くのページを割いたのか。その訳は、私が糖尿病として診断されたのが27年ほど前。その後、今日も毎月１回内科に診療。薬を飲んで、血糖値もヘモグロビンの数値も基準値内にあるものの、これほど「杜撰なデータ改竄・偽証や倫理指針と法的規制に罰則がない」医薬品や医師の実態を知り、何か侘しく、心の置きどころがないからだ。

27、支持層に届いていないマンションの杭（人の財産なんとする!!）

⑴　背景

ａ．建物を支える基礎杭が支持層に達していないために、建物が傾き、隣りの棟で10㎝ほどのずれが、接続部の手摺部分に生じていた。
ｂ．構造上の欠陥を防止するなかで、とくに重要な部分は基礎杭

である。この欠陥を直すためには莫大な費用を要す。

ｃ．施工前のボーリング調査が確実にされていたのかどうかが不明。

ｄ．施工業者は、施工段階で杭が支持層に到達していることを一本一本確認する義務がある。

ｅ．施工のＫ組（準大手ゼネコン）と売り主のＳ不動産を含め、とくに住民側は、不信感を募らせている。

ｆ．根本的で致命的ミスはなぜ見落とされたのか。発覚を含め、売り主・施工主に対する対応は、2003年の分譲の１～２年後から見られ、管理組合は再三調査を申し入れていたが、当時は、「地震などの衝撃を吸収した結果で、問題はない」として、全く応じていない。

ｇ．マンションは2002年２月に売り出され、262戸すべてが即日完売という人気物件で、「住宅性能表示」で耐震等級２という通常より高い耐震強度を売り（キャッチフレーズ）にしていた。

ｈ．建物は2014年６月現在、南東方向に最大約６㎝沈み込み、傾いたままである。

ｉ．2014年５月上旬にようやく両社は、ボーリング調査による施工ミスを認めた。

ｊ．横浜市建築安全課は、「設計図書や建築確認申請の書類・手続きに不備は確認されていない」と言い、「工事中の問題と考えられるが、制度上、見抜く手続きはなかった」と話している。

ｋ．通常、マンションや他の構造物を建てる（構築）場合、複数箇所をボーリング調査し、掘り出した土の性質（粘土・砂・砂礫・岩盤などにより、支持力を示すＮ値や含水量など）から支持層（通常、Ｎ値50以上）までの深さを把握する必要があるが、その確証は不明である。

l．谷地やくぼみのある地形の場所にマンションが施工されている。

m．十数年住んでいる人は、学校・病院・ショッピングなどを通じて地域とのつながりが深く、補修・補強の間、仮住いや転居の必要があることに、果たして住民は満足（納得）するだろうか。仮住いや転居に関わる諸経費と労力も必要である（2014年6

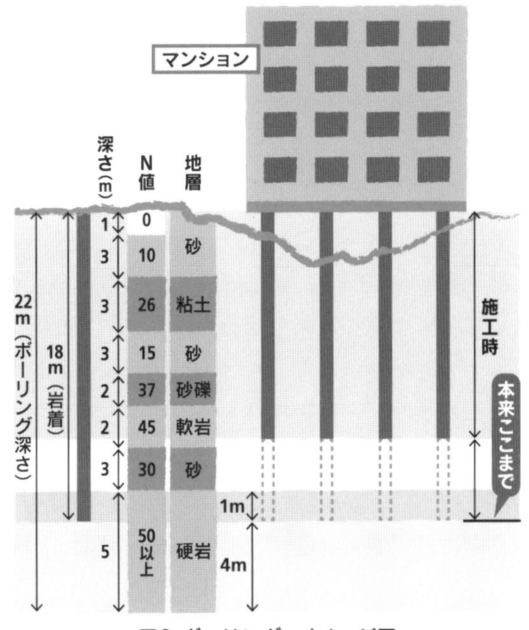

図3 ボーリング・イメージ図

月11日付「神奈川新聞」及びNHKニュースより）。

⑵　原因

a．「背景」lおよびm項に記述した内容はとくに施工に際し重要事項である。すべての杭を打つ場所に対してボーリング調査がなされていない。

b．初期段階で問題解決をしていないのは、施工会社と管理会社の技術能力が十分でないことによる。

c．ボーリング調査は、平地状態、いわゆる通常の地形として、施工がなされていたものと考えられる。何箇所をどのような間隔でボーリング調査をしたのか不明であるが、適切な箇所に対してボーリング調査がされていないものと考えられる。

d．建物を支える鉄筋コンクリート製の杭を入れるための穴を掘った後、ボーリング調査で掘り出した支持層と同じ地質であるか否かの確認が十分でなかった。

(3) 今後の対応策

a．現地の地形を十分確認し、杭を打つすべての場所をボーリング調査することにより、ミスの防止を確実にすること。

b．Ｎ値50以上の地層が少なくとも３ｍ以上有することは、上記のａ項を含めて土質・地質調査技術者として常識である。このことを構造物（今回はマンション）施工業者は、たとえ発注者の意向がボーリング箇所（本数）および支持層への理解がなかったとしても、地形・地質状況などを説明し、確実に調査を行うこと。そのためには、技術士（建設部門、土質及び基礎部門）の指導のもとに実施すること。

c．仮住居や転居する居住者に十分な補償をすること。その補償を確実にするためには、補償業務管理士の物件部門・補償関連部門の有資格者や不動産鑑定士により、補償金額を算定してもらうこと。

ｄ．杭の補修・補強は、既存建物をジャッキで支えて杭を入れ替えるなど極めて高度な技術が必要であるが、検討する余地はある。

ｅ．改築の場合、５棟262戸にまたがる居住者の合意形成はあるが、現状としては困難である。

ｆ．傾きが発生・発覚していない４棟についても、問題がなくても、イメージダウンの影響で建物の資産価値が相当目減りする可能性がある。よってこの対応策としては、迅速かつ入念な調査を有資格者により実施し、安全性が確保できるという根拠を示すこと。

⑷　対応すべき国際規格

ISO9001における要求事項すべてに該当する。よって、「品質マネジメントシステム（QMS）」の認証登録をし、維持・改善に協力会社も含めて対応することが望まれる。

⑸　教訓

ａ．目先の利益、過大損失　ｂ．信頼回復　風評拡大

ｃ．人の心をねじふせる　ｄ．技は匠、疑は偽となる

ｅ．責任回避見苦しい　ｆ．すずめの涙の補償は補償にならず

ｇ．職務執行やって当然　ｈ．忘れてならぬ積少積大、顧客満足

ｉ．過少評価、補償といえず、客逃げる

28、東京都議会セクハラの野次、ヤジの波紋

⑴　背景

ａ．東京都議会（定数127）の事件。2014年６月18日の本会議で、

みんなの党所属の塩村文夏（あやか）議員の一般質問中にセクハラとも取れるヤジが飛んだ。

b．一般質問は少子化対策として「晩婚化や妊娠、出産」に関する内容であった。

c．ヤジが出た付近に席を持つのは自民党の都議会議員で、その様子は、テレビで観る限り、塩村議員の視線からもうかがえる。その声が男性であることもわかった。

d．一般質問中にもかかわらず、男性都議が、「早く結婚した方がいい」と大きな声でヤジっていた。

e．声が上がったのは、本会議場で議長に向かって右側。59人を擁する最大会派の都議会自民党側の席。

f．さらに複数の別の議員から、「まずは自分が産めよ」「産めないのか」などとやはり男性の声が聞こえていた。

g．議場から、ヤジを面白がるような笑い声さえ上がっていた。「セクハラ発言の集中砲火」だ。

h．日本の首都、東京の報道だったがゆえに、欧米始め各国のメディアも報道合戦に加わった。

i．女性重視の成長戦略を訴える安倍晋三政権にとっても「決まりの悪い事態」に発展。

j．同僚議員（自民党）もヤジを面白おかしくし、「セクハラのヤジ」を大声で言った議員をかばうように、「仲間を売れない」と口をつぐんでいた。その反面、「自分が支持者から疑われかねない」という苦しい思いもあるので、「早く本人から名乗り出てほしい」と話すにとどまっていた。

k．国民から見ると仲間を庇うこともおかしいし、同僚議員が面白おかしく笑っているなどということは、慎しむべきである。

しかしその反省の弁はない。

l．ヤジの張本人や同調した議員の不見識極まりない事態で、「日本の恥」だというのに、議員バッジ族からは反省の色さえ窺えない。

m．塩村議員は「結婚や出産に悩む女性を代弁した質問」をした。だからヤジは、女性に対するそうした人々に対するセクハラと言える。そのことに気づかないバカ議員は議員の資質・品格が問われてしかるべき。

(2)　原因

a．議員たるや都民の代表であるが、いざ当選すれば我物顔（勝手気まま）に活動をしているし、それを許し認めている知事もどうかしている。

b．議員の一部（今回は自民党議員が中心）といえども、議員の倫理規定がないに等しい。

c．「ヤジは議会の華」とも言われ、核心を突いたヤジが議論を活性化させることもある。しかし、人の尊厳を傷つけるセクハラ発言が許されないのは当然だ。

d．ようやく、2013年６月23日になって、自民党の鈴木章浩都議が、最初にヤジを飛ばしたことを認めた。

e．暴言を発した他の議員も速やかに名乗り出ることがないのは残念。

f．これで収まったと思えば大きな間違いである。議員の質低下が根本的に問題である。

g．これ以上の頬かぶりが許されること自体、大きな問題である。

h．議会の品位が問われていることをより厳しく自覚し、各会派は再発防止策をとるべきだが、今のところその様子は窺えない。

(3) 今後の対応策

a．結婚・出産をしないのは、それを選択をした女性、不妊に悩む人への差別的発言かつ重大な「人権侵害」であり、改め、慎しむこと。

b．女性は結婚して、子供を産んで一人前だという古い価値観はなくすこと。

c．政策を決める議会という場所でのヤジ発言は禁止すること。女性の社会進出を進めるには、法規制を強化すること、法には罰則を組み入れること。

d．前記ｃ項の罰則規定には、たとえば議員の資格をなくしたり、被選挙権が永久になくなるくらいの強い内容にすること。

e．時には、ユーモアがあるヤジも政策への関心を深めるが、議事進行を妨げることはあってはならない。これも禁止すること。

f．議会の品位を下げるヤジは全く論外。これをなくすためには議会運営のあり方への法規も立法化すること。

g．産みたくても産めない女性は全国、いや世界各国にもおられる。女性に対する配慮をすること。

h．人間性を疑われるヤジは、議会のイメージダウンである。政府として立法化すること。

i．問題発言をした人物のすべては、抗議を受けた時点で一時も早く名乗り出て謝罪すること。同様に、面白おかしく笑った人も含めて謝罪すること。

j．臭いものには蓋（ふた）をせず、有権者が納得できる対応をすること。

k．女性の社会進出を阻害している男性中心社会を改める。社会全体の問題として、改革・改善を徹底的に促進すること。

l. 「ヤジは議会の華」たる意識そのものを全廃すること。議会が議員にとっての職場である。これが民間企業の会議ならば大きな問題として処分される。

m. 潔く自分たち（ヤジ発言や笑った人々）の非を認め、早く申し出ること。

日本の国全体が、女性に対する意識改革をしないと他国からは「日本はダメ」とのレッテルを貼られてしまう。そうならないように何度も述べるが立法化すること。

最初にヤジを飛ばした鈴木議員は、自民党を離党したものの、無所属での議員活動は許されている。しかし議員そのものをやめることが国民への誠意である（民間なら退職ものである）。

議員は仲間意識が強く、国民のことは、当選した途端に忘れ去り、国民への約束を守ろうとしない。「駅の遮断機」（当選するまでは頭を下げるが、当選すれば我身勝手な行動）的姿勢はもってのほか！

今度のセクハラ発言はもとより、そもそもヤジそのものや公約したことを守らない人がまかり通る非常識を根本的に正さないと、選挙時に投票に行かない人がますます増えるだろう。根本的に国会・地方議会を問わず、すべての議員を対象に厳しい倫理規定を設け、議員（立候補者含む）に教育・訓練・自覚・認識を促すこと。そうでもしない限り、いつまでたっても問題は続く（某地方議会の傍聴を体験したが、ヤジの多いこと。それからは、傍聴することそのものが馬鹿らしくなり、一切参加していない）。

⑷ 対応すべき国際規格

ISO9001

4.1 組織及びその状況の理解

4.2 利害関係者のニーズ及び期待の理解

4.4 品質マネジメントシステム及びプロセス

5.1.1 品質マネジメントシステムに関するリーダーシップ及びコミットメント

5.3 組織の役割、責任及び権限　7.1.6 組織の知識　7.2 力量

7.3 認識　9.1.2 顧客満足　9.1.3 分析及び評価　9.2 内部監査

9.3 マネジメントレビュー　10.2 不適合及び是正処置

10.3 継続的改善

⑸ 教訓

ａ．なるな踏切の遮断機　ｂ．墓穴（ぼけつ）を掘る

ｃ．井の中の蛙（かわず）、世間を知らず　ｄ．国の恥、世界への信頼なくす

ｅ．仲間意識は時には悪を生む　ｆ．議員ってそんなにおいしい？

ｇ．男女平等さにあらず　ｈ．与党も野党の良き意見を聞け

※言いたいことはまだまだあるがここでおしまい。読者の意見も聞きたい。

29、おしゃれ障害〈エクステンション・カラーコンタクト〉が招いた悲劇

⑴　背景

1．まつ毛エクステンション

a．女性に人気のまつ毛エクステンションの健康被害が後を絶たない。一定の対策もあるが、接着剤の有害物質に規制がない。

b．規制がなく、急速な普及にルールづくりが追いついていない。

c．まつ毛エクステは日本でここ10年急速に増えており、接着剤対策は手つかず、後手後手!!

図4 おもな症状と患者数

※まつ毛エクステンションとは？

まつ毛を長く濃く見せるため、一本一本に接着剤で人工毛を貼る美容技術。韓国で始まり、2003年ごろ日本に流入した。従来のつけまつ毛より自然で、３週間ほどもつため毎日付け外しする必要はない。料金は１

回当たり約5,000円から１万円超まで幅がある。

d．被害はさまざま。施術の５～６時間後、両目のまぶたが腫れた。施術後に目を開けると接着剤が目に入った。その場で目薬をさされたが治らない……など、患者は年を追うごとに増加傾向にある。俗に言うヤブ医者にかかった人はバカを見る。

e．無資格業者も多く、技術及び衛生知識を備えた有資格者かどうかも、まつ毛エクステを受ける人は無知（素人では見抜くことが難しいし、資格の有無を問うことなく「まつ毛エクステを行うことでおしゃれになる」と信じている人が多い）。

２．カラーコンタクト

a．後に、目に傷がつくなど治療や装着中止も出ている。

b．８時間接着後の矯正視力が透明レンズより低くなる。

c．着色部分の角膜側に影響が出る。

d．承認基準があいまいである。

e．これらの背景には、カラーコンタクトレンズをすることにより「おしゃれになる」と思う女性心理をくすぐる業者がいる。巧みに宣伝しているため、正規の眼科医には迷惑であるが、こうした医師も障害の可能性の説明を十分にしていないのではないだろうか。

⑵ 原因

１．まつ毛エクステンション

a．美容師の教育課程にまつ毛エクステンションの技術を入れること。

b．上記の技術が浸透していない。

c．どうしても受けたい人でも、技術の経験豊富な美容師を選んでいない。

d．美容師ならどの美容師でも大丈夫と信用していたがゆえに障害が起こっている。

e．業者が有資格者であるか否かを調べていない。

2．カラーコンタクト

a．眼科ならどこでも大丈夫といった信用を流布した人がいる。

b．素人でもわかりやすい承認基準の説明がなされていない。

c．黒目に傷がついた人もいるように、カラーコンタクト装着後の注意や指導が十分でなかった。

d．まつ毛エクステンションと同じように、「おしゃれになりたい」願望の人々に応えるべく技術が十分でない。

⑶　今後の対応策

a．厚労省は基準をレビューし、より慎重に、かつ迅速に法整備すること。

b．そのためにこれらの業務に携わる施術団体はあらゆる改善が必要である。

c．本来、美しいと思うのは、「ありのままの顔を含めた姿勢（行動）」である。老年期の男性や一般の女性も「自然の美しさ」が必要であることを認識し、「薄化粧で清潔な美意識」を人々が望んでいることを自覚し、もっと自分に自信をもってほしい。このことをわかってくれる人々は果たして何人おられるのか……。繰り返すようだが、先祖や、父母からもらった有難い姿に感謝することがもっと大切であることを伝えたい。

d．被害（障害）を受けた人々に配慮し、メーカーや関係者は納得のいく補償をすること。

ｅ．基準を確保するための有資格者でなければ業者として許可しないことを、業界に早く伝えること。

ｆ．「やみ」のビジネス、「技能なき」ビジネスは、本来の技術（匠（たくみ））ではない。そのための教育を徹底し、適切な資格制度を法正化し、それに基づき業を成すことを求める。

(4) 対応すべき国際規格

ISO9001

4.2 利害関係者のニーズ及び期待の理解

5.3 組織の役割、責任及び権限　6.1 リスク及び機会への取り組み

7.1.3 インフラストラクチャー

7.1.4 プロセスの運用に関する環境　7.1.6 組織の知識　7.2 力量

7.3 認識　8.1 運用の計画及び管理

8.2.1 顧客とのコミュニケーション

8.5.1 製造及びサービス提供の管理

8.5.2 識別及びトレーサビリティー　9.1.2 顧客満足

9.1.3 分析及び評価　9.2 内部監査　9.3 マネジメントレビュー

10.2 不適合及び是正処置　10.3 継続的改善

(5) 教訓

ａ．親から生まれ育った自分に自信をもつ

ｂ．他人がやるから自分も行う、これはダメ!!

ｃ．罰則なき法は法に非ず　ｄ．自然の美しさが本当の美である

ｅ．他人を救えば我が身、助かる

ｆ．ひねたるかぼちゃ人のうるおい

※カネボウの白斑事故も似たりよったり、すべてにご注意のほどを。

30、禁止鎮静剤投与で小児12人死亡

(1) 背景

a．東京女子医大病院で2009～2013年12月の５年間、人工呼吸中に小児患者63人に投与が禁止されている「プロポフォール」が投与され、そのうち12人が尊い命を絶たれ死亡。

注記：プロポフォールとは？

劇薬で全身麻酔などに使われる。使用に際しては、慎重な扱いが必要で添付文書では、麻酔技術に熟練した医師が患者の全身状態を注意深く監視することを求めている。ちなみに、2009年に急死したアメリカの人気歌手マイケル・ジャクソンさんに不用意に投与したとして元専属医師が有罪となっている。

b．死亡した12人について、病院側は2014年６月12日の記者会見で公表するまで、厚労省や東京都などに一切報告していなかった。

c．発覚のきっかけは、2014年12月、集中治療室での人工呼吸中にプロポフォールを大量投与され、当時２歳の小児が死亡する事件が発生したこと。

d．病院は2014年５月30日付で男児に関する中間報告書をまとめ、厚労省・東京都及び男児の遺族側に提出。

e．遺族側は６月13日に「事故の経過に関する事実関係の記述が

不十分」として撤回を求める文書を病院側に送った。さらに12人の死亡に関しても「極めて重要な事情にもかかわらず、報告書には事実関係については一切記載されていない」と反発。

ｆ．男児は２月18日に首の腫瘍の手術を受け、集中治療室で人工呼吸中、プロポフォールの投与を受け、３日後に死亡。病院側は25日に警視庁に届けを出した。

ｇ．警視庁は５月下旬、東京女子医大病院を“業務上過失致死容疑”で捜索。男児への手術、治療に関する資料を押収。

ｈ．捜査に踏み切ったのは、病院側から任意で資料の提出があったものの、死因に関する証拠が乏しいことなどから。

ｉ．病院側も、2014年６月12日に、ようやく「プロポフォールと（男児の）死亡の因果関係があったと思う」との見解を示した。

⑵　原因

ａ．薬の添付文書に集中治療室で人工呼吸中の小児への使用禁止が明記されていることを、製薬会社（６社）は販売前に全く読んでいない。

ｂ．使用禁止は基本的に避けるべきだが、法律そのものでは禁止されておらず、しかも罰則はないため、病院で働く人の意識が薄い。

ｃ．万一使用する場合は医師の判断となるが、禁じられた使い方をする際、患者側（今回の場合は小児なので両親）への説明責任がある。しかし63人に投与したほとんどの医師が十分に説明していなかった。

ｄ．たまたま東京女子医大が問題を起こし事件となったが、他の病院もあるだろう。しかしながら、同医大での使用がこれほど常態化しているのは異常だ。

e．海外でも以前に、子供が集中治療中に投与され死亡した事例があるにもかかわらず、日本の医師は無関心であった。

(3)　今後の対応策

a．投与に際し、説明を十分にし、同意を得たうえで慎重に使用すること。

b．たとえ投与の同意を得た場合であっても、子供への投与は長期にわたり大量にならないようにすること。

c．海外の添付資料では、ICUで人工呼吸中の投与は禁止となっている。この事実を踏まえて、日本麻酔科学会等、関係機関は使用規制とともに、万一に備えて、罰則規定も明記すること。

d．2012年の日本麻酔科学会のガイドラインでは、年齢に応じた適切な使用量を提示している。麻酔医師はよく読んで、認識し自覚を促すこと。

e．上記dにおけるガイドラインでは小児への長期大量投与を禁じているものの、手術や検査で適切に使うことは認めている。この点も含め、改善し明確にすることが大切である。

f．何事もそうだが、問題（事件・事故）が起こってからの対応は、人の命を無にしているのと同じである。きれいごとを並べるより前に、肝心なことを実験・実証をもって製薬会社、医学会等関係者が一体となって改善し、問題を共有化し、改善するとともに、携わる人々に対する力量向上のために、教育・訓練・認識をすることが最も重要である。

(4)　対応すべき国際規格

ISO9001における要求事項のすべてに該当する。よって、「品質マネジメントシステム（QMS）」の認証登録をし、維持・改善に関連組織も含めて対応することが望まれる。取り組みの際には、「附属書Ａ（参考）新たな構造、用語及び概念の明確化」及び「附属書Ｂ（参考）品質マネジメントの原則」について、仕組みを構築する前に認識されることが望ましい。

(5) 教訓

ａ．一巻の終わり　ｂ．泡を食う　ｃ．一部始終　ｄ．意思表示
ｅ．一意専心　ｆ．蟻の穴から堤崩れる

31、ベネッセ名簿流出、国内最大規模!!

(1) 背景

ａ．ベネッセコーポレーションの顧客情報（個人情報）流出は過去最大である。名簿には子供や保護者約1,020万件の住所・氏名・電話番号・生年月日などが記載されていた。

ｂ．元システムエンジニア（SE）Ｍを不正競争防止法違反（営業秘密複製）容疑で2014年７月17日逮捕、顧客データベース（DB）の管理を任されていた権限を悪用した（DB接続用IDを悪用。DBの保守管理担当の中で指導者的立場にもあった）。

ｃ．持ち出したのは、1993年１月～2013年12月生まれの子供らの個人情報で、2013年７月～2014年６月に至り計15回、インターネットで探した名簿業者に売却し、総額約250万円を受け取っていた。

ｄ．「顧客情報は営業秘密で売ってはいけないと知ってはいたが、

金が欲しかった」と供述している。

e．当時ギャンブルや生活費で数十万円の借金を抱えていた。自分の欲を満たすための悪業である。

注記：「不正競争防止法」は、顧客名簿など秘密として管理された有用情報で、公然とは知られていないものを「営業秘密」と定義し、不正な複製や開示を禁じている。

f．職務上の立場を利用した、極めて悪質な犯行といえる。

g．漏洩された情報は、すでに名簿業者間で転売され、少なくとも十数社に流れている。

h．たとえば英会話学校大手「ECC（大阪市）」は、ベネッセからの流出情報により、27,227件の高校生の名簿を大阪市内の名簿業者から購入し、入学案内のダイレクトメールを発送している。

i．大阪市内の名簿業者は、ECCの他十数社にも販売している。

j．別のルートでは、SEが情報を売却した名簿業者から直接、一般企業にも流れている。

k．顧客情報流出は全国各地の名簿業者に流出し、一般企業を通じ個人宛に出す構図は未だに止まらない。

l．情報流出により、ベネッセHDの株価にも影響し下落（2014年７月17日終値4,160円と、９月の終値から約５％下落）。

m．一方、「カルチュア・コンビニエンス・クラブ（ccc）」のポイントサービス「Ｔポイント」と、会員2,800万人のヤフーが会員の利用履歴を相互に提供できるよう規約変更。7,700万人分を相互提供。本を読んだり、コンビニで買物、ドラッグストアで購入した医薬品、閲覧したサイトなどの履歴を知らない間に他社に提供しており、お客には全く知らされていない。

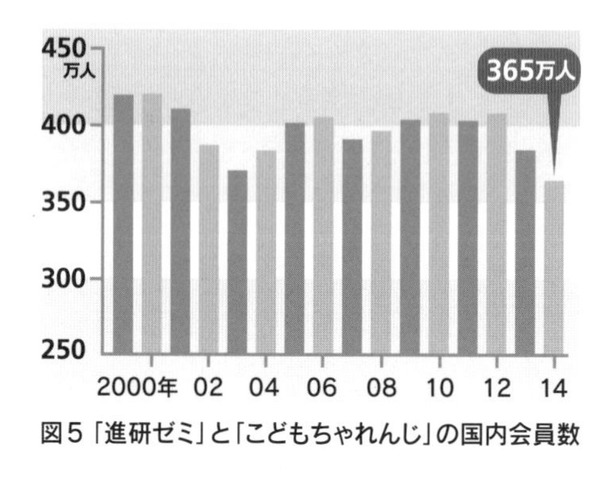

図5「進研ゼミ」と「こどもちゃれんじ」の国内会員数

⑵ 原因

a．不正競争防止法違反（営業秘密複製）で逮捕されたMは、ギャンブルや借金を減らそうとし、悪いと思いながらも、自分の金銭欲のために悪業を引き起こした。

b．名簿業者に本人から何度も名簿を買ってほしいと連絡している。

c．本人はこれほど大きな問題に発展するとはゆめゆめ思っていなかった。

d．企業は、協力会社の社員だとしても管理義務があることに気づいていない。管理体制に問題がある。にもかかわらず、協力会社は当初、「道義的責任からデータを削除する」としていたが削除はしておらず、「警視庁や経済産業省から問い合わせがあれば対応したい」とのコメントは我身勝手で、顧客を全く無視している。

注記：個人情報保護法は、本人の同意なく、個人情報を第三者に提供することを禁止している。プライバシー保護の観点からは、たとえ、匿名化していても本人の同意を得て第三者に情報提供をすべきである。

ｅ．少子化時代となっている今日、「進研ゼミ」などは市場が縮小し、ベネッセを取り巻く環境は厳しい。とくに幼児向けは毎年５％ずつ減少傾向にあり、そこにつけこんだ悪業と知りながらも、名簿は宝物といえることが問題をさらに大きくしている。

ｆ．大きな欠点（問題）は、名簿業者が不正に入手された情報であることを知らなければ、罪に問われない点である。

ｇ．名簿業者に関しては、所管官庁が明確でなく、業者数さえ把握されていない。

ｈ．個人情報保護法の規定も実効性に乏しい。5,000人超の個人情報を扱う業者は、本人の同意なしに第三者へ提供することを禁じているが、名簿の表題など店頭やホームページで公表すれば、同意を得なくても販売できる仕組みに問題がある。

ｉ．ベネッセは教育事業以外の生活事業関連の顧客情報数約190万件も流出していた（情報入手先は追及されていない）。

⑶　今後の対応策

ａ．今さら削除命令を出す相手を特定することは難しいが、被害を少しでも減少することに取り組むこと。

ｂ．国民の不安を解消するために、個人情報の取り扱い規制を厳しくすること。これは関係官庁の責務である。

ｃ．現行法では、事業者が情報の削除を拒否した場合、被害者が裁判を利用しようとしても、裁判所が判断を避けるケースが多い。政府が事業者に勧告・命令することで改善を図る規定があるものの、実効性に乏しい。

d．民事上の請求権を明確にすれば、被害者による個人情報の削除要求に応じやすくなるので、法改正は必要である。

e．不正競争防止法違反（営業秘密領得、開示）の疑いでデータベースに接続した人物を特定することも対応策の一つである。

f．情報漏洩は以前からあるものの、今回は国内最大規模の事件。野放しや曖昧（あいまい）になっていた関連法令を速やかに、適切かつ効果的な内容に整備すべきである。

g．個人情報の拡散防止策を改めて見直し、検討する。妥当性のある法整備が必要である。

h．個人情報を求める企業が増え、利用範囲がなし崩し的に広がっている。法整備や消費者の危機管理意識が追いついていない現状を踏まえ、消費者が意図しない範囲に情報が拡散しないよう、政府も法改正を含めて対応策を一日も早く確立することが望まれる。

⑷　対応すべき国際規格

ISO27001のほぼすべての要求事項が該当する。当規格をベースに、認証取得であっても、Ｐ・Ｄ・Ｃ・Ａの機能が十分ではないので、全要員参加のもとで認識し、また、外部監視も十分にすることが必要である。

⑸　教訓

a．任せっぱなし、脇のあまさ　b．相応しいもなき身我自損
c．金のために人生狂わす　d．お金拝借　e．甘き情報管理

ｆ．組織及び働くとの悪知恵　ｇ．蟻の穴から堤も崩れる
ｈ．悪銭身につかず

参考：江戸時代、盗品の取り締まりを厳しくするため「八品商」の制度があった。泥棒に盗んだ物を金に換えさせないよう“質屋、古着屋、唐物屋、古鉄屋”など、８つの商売を指定し、役人が乗り込んで帳簿を吟味していた。現代の“八品商”として、企業も入れるとよい。企業からかすめとり、換金するものが多い点はベネッセ事件にも相当し、守り方を教えている。

32、とり肉を始めとする中国産食品、安全無視

(1) 背景

ａ．とり肉（上海福喜食品は、米食品加工大手「OSIグループ」の100％子会社）

①品質保持期限が切れていた。

②床に落ちた肉片を素手で生産ラインに戻していた。

③冷凍した大判とり肉の切断した表面にどす黒い黴（かび）が生えている。

④定期検査は前もって知らせているので、検査日前日の夕方、従業員が床に落ちた肉、不良品肉を青のビニール袋に一斉に入れ別の場所に移す。

⑤検査終了後、上記の肉は、正常品として使われた。

⑥問題を指摘されると、「食べても死にはしないよ」と平気で言う。

⑦以上は組織ぐるみで常態化しており、金もうけ優先が背景にある。
⑧日本の企業（マクドナルドとファミリーマート）及び関連する検査機関の怠慢も問われる。

b．冷凍ギョーザ

c．粉ミルク

d．豚肉

e．カドミウム汚染米

f．有害食用油

g．キツネの肉を牛肉として使った。

h．ホルマリン混入肉製造

i．外資系だからといって安心はできない。「外資神話」は大きく揺らいだ。

j．冷凍は名ばかりで、「常温で放置」

k．他社製品を詰め替え販売

l．希少ウナギの蒲焼きも、契約と異なる商品が日本に流通している。

m．上海福喜商品には不正の指示を記した記録も残されていた。

n．腐った手羽先に消毒スプレー、従業員は「どうせ自分が食べるものではない」と言う。

o．鶏のエサに含まれる有機塩素には“発がん”作用があることを知りながら使っていた。

p．羽も拡げられない「抗生物質漬け」の鶏を使っていた実態。

⑵　原因

a．上海市当局の定期検査は事前に知らされていた。

表３　中国では食品の安全に関する問題が相次いでいる

2008年１月	中国製冷凍ギョーザによる中毒被害が発覚
９月	河北省の業者が製造した粉ミルクへのメラミン混入が発覚。乳幼児約30万人に健康被害
09年６月	違法業者への罰則強化などを盛り込んだ「食品安全法」施行
11年３月	筋肉増強剤を投与した豚肉が大手食肉加工会社で使われていることが発覚
13年５月	広東省でカドミウムに汚染された米の流通が発覚
10月	117社が関わった大規模な有害食用油の製造・販売事件で主犯格の男に無期懲役判決
12月	山東省済南にある大手スーパーで牛肉などとして販売された加工食品に、キツネの肉が使われていたことが発覚
14年５月	陝西省の無登録の食品業者がホルマリンを混入した肉製品を製造していたことが発覚
７月	上海の食品会社が、品質保持期限の切れた鶏肉をマクドナルドなどに出荷していたことが発覚

ｂ．検査時のみきちんとした生産を装っていた。

ｃ．マクドナルドとファミリーマートが問題を見抜けなかった要因は、チェック対象が生産と管理体制にとどまり、原材料の使用状況は検証していなかったこと。

ｄ．同時に、日本政府も、書類上の監視のみであり、現地検査はしていなかった。

ｅ．関係者が「取引先が地理的に遠い場合、相手を信用せざるを得ない」と言うのは言い逃れにすぎない。

ｆ．コスト低減（価格競争）がこの事態を招いている。

ｇ．米国系の会社だと信用しているところにも問題がある。

⑶　今後の対応策

ａ．2008年１月に発覚した「中国製冷凍ギョーザ事件」から、度重なる食品偽造の教訓が全く活かされていない。

ｂ．衣食住が人間にとって必要な要素であるにもかかわらず、日中関係の持続を重視する会社経営にも問題がある。
ｃ．「食品」はもとより「衣類」も中国製の品質は良くない。「住」にかかわる、たとえば「電化製品」も中国で生産しているためか、粗悪品が多い。他商品も同様であるという日本人の声も多い。
ｄ．中国・韓国・台湾から日本に来る人々が、日本の製品を買い求めているのは、日本製品が良いからである。それを見ればよくわかるだろう。
ｅ．輸入に頼らず、日本で「衣・食・住」が確保できるような生産体制を官民一体で検討し取り組むことが望ましい。

⑷ 対応すべき国際規格

ISO22000：ほぼすべての要求事項にわたり対応する必要がある。尚、ISO22000の原流となるのがQMSである。人や組織の質・品質を含めて製品・サービスの向上に際し、各プロセスを確実に守り、食する人々の安全を図ることが大切である。

⑸ 教訓

ａ．上に向いて吐いた唾（つば）は自分にかかり自分の身をも滅ぼす
ｂ．無知ゆえの身勝手　ｃ．犯した罪は消えぬ
ｄ．他人（ひと）は知らねど、神と己（おの）れは知っている　ｅ．後の祭り
ｆ．一旦緩急（かんきゅう）損失莫大

33、人口減と子供置き去りと悩める人々

⑴　背景

ａ．子供置き去り483人（実数はもっと多い）

①飢え死にする寸前で保護された２歳児や、モーテルに置き去りにされた兄弟。全国各地で頻繁（ひんぱん）に起きている（さいたま市）。

②生活保護費だけでは生きるすべがなく、夜間に仕事に出るものの子供を置き去り（さいたま市、大阪市）。

③子供を置いたまま、カラオケやパチンコや飲食といった身勝手な親（全国）。

④モーテルに２歳と１歳の子供を置き去りにし、姿を消す（2012年４月、九州）。

⑤母親が自宅に３歳と１歳の子供を放置し餓死（2010年、大阪市）。

⑥フィリピン人の母親が中２の長女と３歳の次女を置いて帰国し、次女は餓死（2013年、群馬県）。

⑦男児を放置した親（2014年５月、神奈川県厚木市）。

⑧「置き去り」数は調査数値よりまだまだ多い。

注記：国が自治体に示している「置き去り」の定義が曖昧なため、自治体によって解釈が異なる。69自治体のうち「０人」と回答した28自治体の中には、夜間に頻繁に置き去りにするケースを含めず回答しているところもあり、実数はもっと多い。

ｂ．「異変の見逃し」が子供を死に至らしめた。神奈川厚木市、死亡推定2006年10月～2007年１月。

①「Ｒちゃん」2004年10月7日、当時３歳。午前３時半ごろ、Ｔ

表4　置き去りにされた年齢別の人数

	2013年度	2012年度	2011年度	合計
0～3歳未満	54	75	68	197
3～学齢前児童	25	52	37	114
小学生	35	57	31	123
中学生	6	10	12	28
高校生・その他	11	5	5	21
合計	131	199	153	483人

表5　自治体が「置き去り」と判断した子どもの数（延べ人数。2011～13年度）

北海道	14	青森	0	岩手	0	宮城	2	秋田	1
山形	0	福島	13	茨城	0	栃木	0	群馬	2
埼玉	48	千葉	5	東京	102	神奈川	40	新潟	1
富山	0	石川	1	福井	1	山梨	2	長野	0
岐阜	0	静岡	2	愛知	14	三重	1	滋賀	0
京都	16	大阪	120	兵庫	5	奈良	36	和歌山	1
鳥取	0	島根	0	岡山	2	広島	2	山口	0
徳島	0	香川	0	愛媛	0	高知	0	福岡	11
佐賀	2	長崎	1	熊本	26	大分	6	宮崎	3
鹿児島	1	沖縄	2					合計	483人

シャツと紙おむつだけを身に着け、靴をはいていなかったのを近所の人が見つけ110番。

②県警から連絡を受けた厚木児童相談所（児相）は「迷子」として預かり、翌日母親（32歳）に引き渡した。

③この母親は、夫の容疑者（36歳）、（保護責任者遺棄致死容疑で逮捕）から「DV（家庭内暴力）」を受けていたと言う。

④「迷子」と「DV」の申告は家庭問題が起きているサインだった。

⑤母親は「迷子」となった子を児相から引き取ったその日、アパートを出た。

⑥父親はやがて、子供を外に出さなくなり、「無人アパート」に

見せかけていた。

⑦児相は「継続案件」とし、女児の遺体が横浜市内で見つかった事件により調査が始まる2014年３月まで、事実上放置していた。

⑧当時（2003年６月）２歳だったＲちゃんへの児童手当の申請手続きが途絶えた。市家庭課は受給資格がなくなる2005年６月までの２年間に９回、手続きを促す通知を郵送のみしていた。それ以外の対応はしていなかった。

⑨2005年５月頃には、Ｒちゃんが３歳児健診を受診しなかったことを市健康づくり課は把握していた。同課は、未受診の家庭に電話で受診を呼びかけたが、それ以上のことはしなかった。

ｃ．扶養手当詐欺（Ｒちゃんの父親）

上記ｂに関係する容疑者の父親逮捕、勤務先の運送会社からＲちゃんが死亡した後も養育していると偽って扶養手当計約80万円を騙(だま)しとっていた。

ｄ．小中高生の自殺者、多発

文部科学省が自殺した小中高生ら約500人の実態調査（2011年６月～2013年12月末まで）を初めて実施した（2014年６月20日付「読売新聞」夕刊参照）。この数値は、あくまで各学校から報告があったもののみで、実数はもっと多いものと考えられる。

ｅ．自動車轢(ひ)き逃げで死亡。

ｆ．地震・津波・台風・大雨・大雪・竜巻・落石など自然災害による死亡。

ｇ．海・山・河・湖などに遊びに行って死亡。

ｈ．通り魔・誘拐・無差別殺人などによる死亡。

ｉ．その他諸々の事情による死亡。

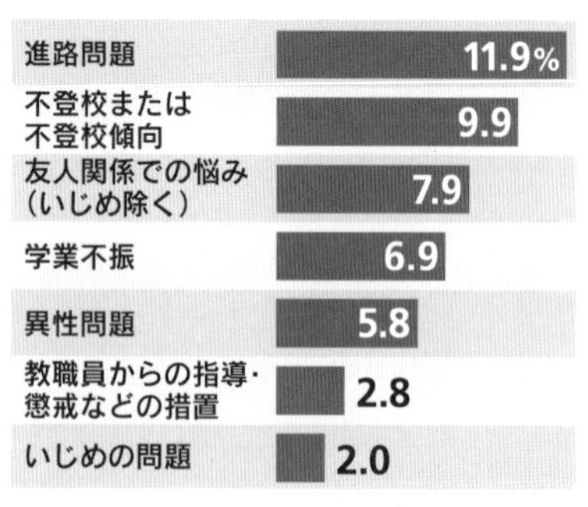

図6 自殺した子供の状況で学校が背景にあるもの

⑵ 原因

ａ．幼い子供をなぜ放置するのか。病気などで親が子供の面倒を見られない精神状態のケースが多い。

ｂ．自らの生活を優先する親が多い。

ｃ．子供を家に残して夜間に働かざるを得ない。

ｄ．子供を放置した場合の危険性を理解していない。

ｅ．大人になりきっていない親が子供を育てることにも問題がある。

ｆ．核家族（小家族）のため、子供を育て支える祖父母がいない。

ｇ．行政の仕組みと対応が十分ではない。

ｈ．悪いテレビ・雑誌・映画の影響もかなりあると思われる。

⑶ 今後の対応策

ａ．結婚は、生計の見通しが十分整ってからすること。

ｂ．親は子を育てる義務や責任があることを忘れるな。

ｃ．子供を放置すること自体、根本的に「悪いこと」だと思え。

ｄ．各自治体の対応策を今後練り直すこと。

ｅ．労働人口が減っていることも要因の一つとして考え、利害関係者はこれらの問題に真剣に取り組むことが重要である。

⑷　対応すべき国際規格

ISO9001

4.2 利害関係者のニーズ及び期待の理解

5.1.1 品質マネジメントシステムに関するリーダーシップ及びコミットメント

5.3 組織の役割、責任及び権限　7.1.3 インフラストラクチャー

7.1.4 プロセスの運用に関する環境　7.1.6 組織の知識

7.2 力量　7.3 認識　7.4 コミュニケーション　9.1.2 顧客満足

10.3 継続的改善

⑸　教訓

ａ．好奇心と意欲の塊　ｂ．厄介だが愛(う)いな子

ｃ．十目(じゅうもく)の見る所(ところ)十手の指す所

ｄ．知者は水を楽しみ、泥中の蓮(はす)を咲かす

34、高松市、白票隠蔽工作

⑴　背景

ａ．2013年７月22日の午前１時過ぎ。高松市選挙管理委員会では、候補別、政党別に束ねた票を「得票計算係」の職員10人が、バーコードにより次々と読み取り集計していた。

ｂ．選挙区の開票は０時５分に終わり、香川県選管と報道機関に

伝えていた終了予定時刻の１時半が刻々と迫る。

c．この追い込み時間帯にトラブルが起きた。「票数が合わない！」と得票計算係の総括責任者の市税務部長（当時）が声を上げた。

d．集計見込みの票数が、交付した投票用紙数よりも300あまり少なかった。

e．そこで、彼らは「悪知恵（偽装）」を図表に示す手口で使い、大事にはならないものだと浅はかに思っていた。

f．開票結果へ疑問の声が上がり始めた。衛藤晟一（自民党）の得票が０だったことに、確定直後、報道機関から「間違いではないか」と指摘される。翌日（８月27日）には、有権者から「私は衛藤さんに投票した」と抗議を受け、高松市選管事務局長（当時）は焦りを募らせた。

g．消えた票は、約40分で偽装。開票終了時刻が迫る焦りからか、その後のつじつま合わせに部下を使い、組織ぐるみの茶番劇。裏で隠蔽。その内容は次のとおり。

h．検証を取り仕切ったのは、人事課ではなく、選管。真相究明を求める周囲の思いと裏腹に、不正を行った当事者自身が検証するという茶番劇となった。

i．市役所地下の書庫に保管されていた票の入った段ボール箱を11階の選管事務局へ運搬。集計せずに有効票の箱に入れた衛藤票を取り出し、無効票の箱に移し替えた。衛藤票がミスで無効票に入ったと装うのが狙いだったとみられる。不正が選管ぐるみなのは、この事実でも明白である。箱のフタの隙間から手を入れ次々と衛藤票を抜き出すものの、残り127票は見つけ出せなかった。

j．９月上旬～中旬に、事務局長らが無効票の箱から書き込みのある無効票327票を捨て、未使用の投票用紙331枚を入れた。白票を２度カウントして水増し集計したことを隠そうと、白票の代わりに入れた可能性がある。これは、選管が検証を始めたころと符合する。

k．高松地検による起訴状による３人の手口は以下の通り。

①集計済みの票が並ぶテーブルから白票２束、計400票を持ち出し、未集計票と偽って担当者にカウントさせた。一方で、未集計の白票71票を集計済みの束に紛れ込ませ、差し引き329票を水増しした。

②しかし、消えたと思われた票312票は、その後見つかった。これを集計すれば、今度は大きくオーバーしてしまう。３人は有効票の保管用段ボール箱に、こっそり紛れ込ませた。

③こうして、衛藤票は「０票」になった。不足分は６票に収まり、持ち帰り票として処理された。この間約40分。偽りの選挙結果が午前２時10分に確定した。

l．９月にはつじつま合わせに、未使用のまま保管していた、見た目がほぼ同じの2010年参院選の投票用紙331票を無効票の箱に混ぜ、書き込みのある無効票327票を廃棄した。開票所で、白票329票を水増ししたため、実際に白票を追加しつつ、総数が見合うよう書き込みのある票を抜いた。

m．当市の選管では、過去に「投票用紙の配布や集計ミス」が続いている。2007年参院選、2009年衆院選、2010年参院選、2011年県議選など。

注記１：「絶対にあってはならない不正への誘惑に負けた」偽装は高松市以外にもある。例として挙げる。2011年７月の埼玉県知事選。日高市の開票所の出来事。開票数が投票数より81票多い「あり得ない票の事態」が発覚。

当落に影響しない無効票180票となっているのを確認し上司に報告すると、「99票に変更して」と言われ、あっけなく改竄され、開票結果を伝えた。その後わかったことは、「不在者投票の入力漏れ」という単純ミスだった。

注記２：金品を渡して票の取りまとめを依頼する買収、事前運動、戸別訪問……。公選法には「公平公正な選挙を担保するための、各陣営に課せられた禁止事項」がある。

番人である選管職員による不正はあってはならない事件といえる。ということから考えると、「他の自治体でも票の操作があったのではないか？」との疑念はぬぐえない。

n．2013年参院選に間に合うよう、票の自動読み取り機６台と、バーコードによるパソコン集計システムの導入に2,500万円を投

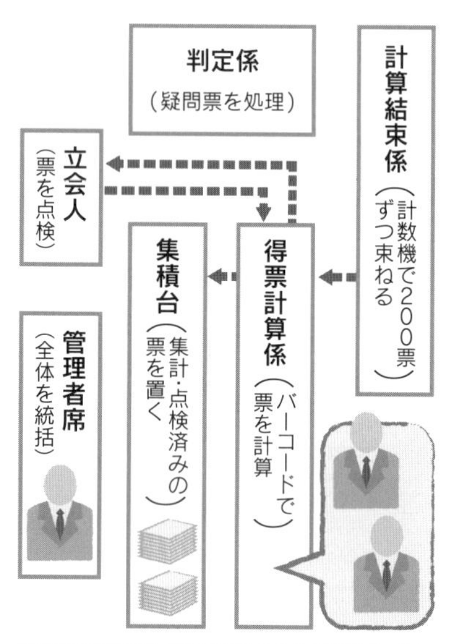

図7 事件当時の高松市選管のおもな担当と票の流れ

じているが、税のムダ使いも含め、市民の信頼を取り戻すまでには相当の年月が必要である。

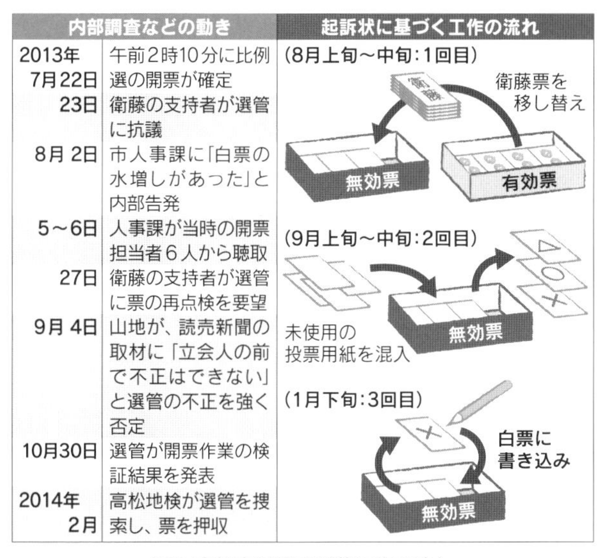

内部調査などの動き	
2013年7月22日	午前2時10分に比例選の開票が確定
23日	衛藤の支持者が選管に抗議
8月 2日	市人事課に「白票の水増しがあった」と内部告発
5～6日	人事課が当時の開票担当者６人から聴取
27日	衛藤の支持者が選管に票の再点検を要望
9月 4日	山地が、読売新聞の取材に「立会人の前で不正はできない」と選管の不正を強く否定
10月30日	選管が開票作業の検証結果を発表
2014年2月	高松地検が選管を捜索し、票を押収

図8 高松市選管の隠蔽工作の流れ

(2) 原因

a．開票は時間との戦いであり、そこには焦りが生じる。そのために以下の原因も生じる。

b．「300票不足」と勘違い。

c．集計済み票の流用。

d．衛藤氏票を発見。

e．312票集計をしていない、などがあった。

f．公正公平の原則を忘れていた。

g．異常事態に対する対応は、最高責任者である市長にも責任がある。

(3) 今後の対応策

a．公務員として、市民（国民）に信頼され、納得され、満足されるためには、原点に帰り二度と失敗を起こさないよう、対応策を講じることが第一である。

b．市も組織。各行政も組織。民間企業ならばどのように対応しているのか、学ぶべきである。

c．組織の運営管理はマネジメントシステムである。「品質マネジメントシステム（QMS）」には、「人の質」「製品（モノ）の質」「サービスの質」などすべての質が要求事項としてある。

d．高松市はもとより、他の行政機関も、QMSの認証登録をし、第三者機関（審査機関）の視点で監督・監視をなすことも必要である。

e．信用・信頼を取り戻すにはQMSへの投資をすることが肝要である。

(4) 対応すべき国際規格

ISO9001

4.2 利害関係者のニーズ及び期待の理解

5.3 組織の役割、責任及び権限

6.1 リスク及び機会への取り組み

7.1.4 プロセスの運用に関する環境　7.1.6 組織の知識　7.2 力量

7.3 認識　7.4 コミュニケーション　7.5 文書化した情報

8.5.2 識別及びトレーサビリティー

8.5.3 顧客又は外部提供者の所有物　8.5.6 変更の管理

8.7 不適合なプロセスアウトプット、製品及びサービスの管理
9.1.2 顧客満足　9.1.3 分析及び評価　9.2 内部監査
9.3 マネジメントレビュー　10.2 不適合及び是正処置
10.3 継続的改善

(5) 教訓

a．嘘はドロボウの始まり　b．嘘偽り、厚化粧で顔隠す
c．清き一票霞（かすみ）隠れ　d．怒り心頭　e．口から出まかせ
f．進退窮（きわ）まり折檻（せっかん）　g．二転三転

35、政務活動費不明瞭支出、泣かずに説明せよ
（兵庫県議・野々村竜太郎〈47歳〉）

(1) 背景

報道ニュースや新聞および雑誌の記事を読むたびに、あきれて何も言えない。あいた口が塞がらない。これほど変わった人間を議員として堂々と居すわらせていた兵庫県（行政）も疑わしく思う。

a．初めての記者会見で号泣の連発。号泣のその姿は、まるで幼児が何かが欲しいときに泣く姿と何ら変わらない。
b．記者の質問には答えず、自分がいかに誠実な議員であるかのように机を叩き号泣するばかり。
c．日帰り出張がほとんど。その領収書は一切ない。切符を買う際、領収書の必要な場合、画面に「領収書の要」を指で押すだけで良いのに、「そんな仕組みは知らなかった」なんて、ひどい

人間だ。

d．城崎温泉に2013年９月２日に往復特急で行ったことにしているが、この日は大雨で大阪・神戸からの特急は夕方まで運休している。

表６　野々村兵庫県議の訪問先と回数、１回の交通費

	城崎温泉	佐用町	博多	東京
回数	106回	62回	16回	11回
１回の交通費	15,340円	11,560円	41,880円	38,610円

表７　野々村県議が2013年度に購入した切手代金と回数
（13年度収支報告書より。100円未満切り捨て）

	金額（円）	回数		金額（円）	回数
4月	124,700	14	10月	3,600	5
5月	40,000	6	11月	9,200	9
6月	79,000	8	12月	5,700	9
7月	179,200	10	1月	215,500	10
8月	357,100	16	2月	397,200	20
9月	18,0100	9	3月	171,400	19

合計　1,762,700円（135回）

e．日帰り出張のすべてをグリーン車に乗っているように見せかけているのも不自然。

f．同じ日に西宮→東京→西宮・博多を訪問したようにしているが、新幹線より航空便の方が時間を要しない。第一、東京と博多を１日で往復して視察できるはずがない。

g．切手をコンビニなどで買う。しかも大量に。通常、議員活動報告（議員活動ニュース）を有権者に発送する場合、料金別納扱いで行う。いちいち切手を貼ることはない。

h．出張した訪問先では、誰一人として野々村議員を知らない。

本当に行っているなら、相手と名刺交換をし、資料を受け取り、質問などを行うが、その形跡は全くない。

ｉ．日帰り出張日に、西宮市内で切手購入やコンビニで弁当を買うことが可能なのか？

ｊ．領収書のほとんどは手書きである。通常、「近距離の場合は手書きもあり」だが、長距離の場合、領収書は受け取るのが常識。彼はほとんどが手書きであった。

ｋ．クレジットカード購入も11年度30回、12年度44回、13年度560回と急増。13年度に添付された資料は、品目や購入時間がわからない、カード会社から届く利用明細書のみであった。「購入時間」がはっきりしないため、同一日の支出であっても、不自然さの解明は困難。

ｌ．県議事務局は再三、支出の不自然さを文書やメールで指摘したが、議員は改めることはなかった。

ｍ．「2013年に195回の日帰り訪問」に対し、議長は2014年７月２日になってようやく注意。これもおかしい県議会である。

ｎ．2013年11月21日、開かれた県立鳴尾高校（西宮市）70周年記念式典の関連行事に出席したとして、往復360円を請求。PTA関係者中心の小規模行事で、野々村議員は参加していなかった。

ｏ．「号泣県議」に全国から抗議が１日だけで740件!!

ｐ．海外メディアも、「わめき声を上げ泣きじゃくる」「うちの子供よりひどく泣き叫ぶ」「恥知らずなのか」「日本の議員はこの程度？」……と紹介している。

ｑ．2014年７月11日、辞表を提出。疑惑を残したまま、幕引きを図る（議会への説明を拒んだまま）。

ｒ．県議会は、県警に「虚偽公文書作成・同行使容疑」で告発し、受理。県警は、詐欺容疑も視野に入れ捜査（2014年７月18日）。

政務活動費計1,834万円全額を（18日付）一括返納したとの連絡が、野々村本人から県議事務局に入った。

注記１：「政務活動費」

地方議員の政策提案能力の向上を目的に、報酬とは別に支給される費用。かつては政務調査費と呼ばれていたが、2013年３月施行の改正地方自治法で名称が変わった。視察の交通費や資料の購入代、意見交換の食事代などでの使用が認められているが、人件費や事務所費用などは、支持者を増やすことを目的とした後援会活動との線引きが難しいため、充当できるのは一部に限られている。

注記２：虚偽公文書作成・同行使とは、「国や地方自治体の職員・議員らが自らの職務に関し、公文書に嘘の内容を記載したり真正なものとして使用した場合に適用される。その文書の作成権限がある公務員らが対象で、法定刑は３年以下の懲役または20万円以下の罰金」をいう。

⑵　原因

ａ．政務活動費の不正支出問題は全国で後を絶たず、刑事事件になったケースもある。しかし、「故意の立証が困難」で不起訴になるケースが多い。

ｂ．県議会も、「調査研究費」「公報広聴費」など他の議会とほぼ同じような10項目の使途を定めているが、この基準が曖昧で、支出の可否判断が難しくなっている。

ｃ．収支報告書に原則、領収書の添付を義務づけているが、本人作成の証明書だけでも支出を認めている。

ｄ．県議事務局は領収書を添付するよう注意喚起をしただけで、何ら処分はされていない。

e．政務活動費は、議員にとって「第二の報酬」のような存在。領収書添付がなくても支出が認められる制度そのものが、時代錯誤も甚だしい。

f．民間企業では考えられない不自然な支出を認めている仕組み（制度）そのものにつけ込んだと思われる。

g．年度内に全額を使い切らないといけないという甘い認識が働いた。

h．ほとんどの自治体で前払い方針があり、すべて使ってしまおうという意識が芽生えやすい。三重県・高知県・岡山県・愛知県などにおいても類似の支出が認められている。

i．愛知県では2013年、乗ってもいない新幹線の指定席運賃や、出席していない会合の参加費を請求した議員の不正受給が相次ぎ発覚していた。見つからなければ良いと思う心が不快である。

⑶　今後の対応策

a．厳格な運用指針をつくり、税の無駄遣いをなくせ。厳格運用の鳥取県、大阪府、神戸市、大分県などに見習って改善をすること。

b．支出の適切性の確保と透明性の向上を徹底的に行うこと。

c．議員は、公金であることを肝に銘じ、有効に活用すること。

d．第三者機関による使途の監視も有効である。

e．ホームページでの収支報告書の公開など、透明性向上に力を入れること。

f．領収書があり、つじつまが合えば、問題なしと片付けられるルールを改めること。

g．野々村議員以外にも複数の県議が年度末に切手代として１回100万円以上を支出している。県議全体の体質を正せ。

h．宮城県の後払い制度も参考にして改善せよ。

i．県警は捜査権を最大限に生かし、納税者が納得できる答えを出すこと。議会のウミをこの際、徹底的に洗い出せ。

j．2012年の地方自治法改正では、政務調査費から政務活動費に名称が変わっただけではなく、使途も広がった。それだけに議員には住民に対する明確な使途説明が必要であることを忘れないで的確な運用を目指せ。

⑷ 対応すべき国際規格

ISO9001

4.1 組織及びその状況の理解　5.3 組織の役割、責任及び権限

7.1.6 組織の知識　7.2 力量　7.3 認識　7.4 コミュニケーション

7.5 文書化した情報　8.2.1 顧客とのコミュニケーション

8.4.2 外部からの提供の管理の方式及び程度

8.5.2 識別及びトレーサビリティー　8.5.4 保存

9.1.2 顧客満足9.1.3 分析及び評価　9.2 内部監査

9.3 マネジメントレビュー　10.2 不適合及び是正処置

10.3 継続的改善

⑸ 教訓

a．妙な疑念を号泣でごまかす身体言語のはき違え

b．土崩瓦解（どほうがかい）成すすべなし　c．なしのつぶて合わせてでたらめ

d．馬脚（ばきゃく）現し破天荒（はてんこう）　e．右往左往

36、組織ぐるみで基準値超えダイオキシン搬出

〔滋賀県高島市の事件〕

⑴　背景

ａ．焼却施設の煤塵（ばいじん）から基準値（１グラム当たり３ナノ・グラム＝ナノは10億分の１）を超えるダイオキシン類を検出した場合、ダイオキシン濃度の上昇につながる施設の配管の汚れを取り除き、その後に出た煤塵を再測定する仕組みがある。

注記：「ダイオキシン類」

有機塩素化合物のうち、ポリ塩化ジベンゾ・パラ・ジオキシン（PCDD）など３種類を指す。強い毒性があり、発がん性や生殖機能への悪影響などが指摘されている。おもな発生源はごみの焼却。ダイオキシン類対策特別措置法（2000年施行）で排出量などが規制されている。

ｂ．ところが基準超過の事実を伏せ、再測定した基準値以下の数値だけをセンター（注記参照）に報告。県による年１回の立ち入り検査においても、同様の虚偽報告をしていた。

注記：大阪湾広域臨海環境整備センター

廃棄物などの最終処分場を確保するため、1982年に設立され、近畿２府４県と168市町村などが出資。大阪、神戸、尼崎、泉大津の各港湾に埋め立て処分場を持ち、総面積は計500ヘクタール。2013年度は計約230万ｔを搬入した。

ｃ．基準値超過は2007～2013年度に実施した毎年の測定で計６回

あり、とくに2012年度は基準値の17倍に達している。この間、処分場に持ち込まれた基準値超過の煤塵は推計613t。

表８　国の基準値（１グラム当たり３ナノ・グラム）を超えていたダイオキシン濃度測定結果と搬入量（2009年度は基準超過なし）

年度	ダイオキシン濃度（１グラムあたりのナノ・グラム数）	搬入量（t）
2007	4.2	98
2008	9.8	133
2010	3.8	39
2011	17	73
2012	51	144
2013	12	126

d．施設職員らは、「再測定の数値が基準内に収まれば、超過の事実は報告する必要はない」と考えていた。

e．2007年度から５年間、焼却炉の定期点検を一度もしていなかった事実が県の立ち入り検査で判明した。

f．2003年から2006年度の間は、「廃棄物処理法」に基づき“年１回の定期点検”などの運営計画を県に提出していた。この４年間は、製造業者と維持管理の委託契約を結び適切に管理され、基準値超過などの問題は発生していなかった。

g．市環境部は「日常的な保守点検を行っていれば問題はない」との甘い認識であった。

h．一方、焼却炉は2007年度以降の７年間で81回、異常高温やフィルターの不具合などで緊急停止していた。

i．トラブル多発を受け、市は2012年度から維持管理を専門業者に再び委託し、定期点検をしているものの、その根拠は不明確である。

ｊ．神戸市事業系廃棄物対策室の担当者は「搬入自治体がセンターとの契約通り適正に行っていると信じ、土壌検査まで行わなかった。高島市の不正は信頼関係を損なうもの」と困惑していた。

ｋ．高島市は基準値超えの事実を隠したまま、三重県伊賀市に煤塵の受け入れを要請していたが、隠蔽した事実や会計検査院からの指摘を含め、ダイオキシン類の問題発覚により搬入を拒絶されていた。

ｌ．「基準値を超えても、再測定して基準値以下に書類を作成すれば良い」と職員は上司に報告し、その上司は承認していた。

(2) 原因

ａ．廃棄物処理法、ダイオキシン類対策特別措置法など法令・規制要求事項の重要性すなわち、法令・規制の厳守への認識・自覚が希薄である。

ｂ．基準値超えのデータを隠し、基準値内のデータのみを報告しているのは文書偽造に相当する。

ｃ．焼却場自体、国のガイドラインに沿って作成されている。ダイオキシン類の含有量が国の基準値を超えていることはあり得ない事実である。組織の知識、人々の力量・認識が十分ではなかった。

ｄ．組織（自治体）の上司は部下に任せっきり。一般には、監視・検査は適切に行うのが常識である。その記録は、作成・確認・承認（妥当性確認を含めて実施すること）を通常行うが、作成者に任せっきりで、承認は言葉のみである。

ｅ．空気予熱器の清掃不足が、ダイオキシン類濃度上昇の大きな原因である。市の維持管理計画書において、空気予熱器の清掃は40～50日ごとに行うこととされているが、清掃は年２回程度を形式（立前）上実施していたにすぎない。

ｆ．清掃が不十分なため、煤塵がたまり、ダイオキシン類が再合成されやすい状態であった。

〔京都府、城南衛生管理組合の事件〕

(1) 背景

ａ．同組合は３市３町（宇治市、城陽市、八幡市、久御山町、宇治田原町、井出町）の６市町から出る家庭ゴミなどを処理。年間事業費約60億円は各自治体が負担している。

ｂ．Ｇ社は宇治市以外の５市町家庭ゴミを処理している。焼却炉の処理能力は２炉あり、１日の処理能力は240t。

ｃ．同組合は2013年５月、折居清掃工場で約５時間にわたり、大気中に環境基準を超える塩化水素を放出したうえ、データを改竄していたことが発覚。

ｄ．同年９月には、廃棄物最終処分場「奥山埋立センター」（城陽市）で、７年間にわたり違法な排水処理を京都府知事の許可もないまま続けていたこともわかった。

ｅ．さらに、同年11月には折居清掃工場から冷却水１万5,000ℓが宇治川に流出。

ｆ．その後の調査で、敷地内から基準値の600～1,000倍のダイオキシン類3.8ナノ・グラムを検出。

ｇ．2014年１月には、本来久御山町から徴収すべき分担金1,600万円を宇治田原町から間違って徴収していたことも判明。

ｈ．また、酒気帯び運転やセクハラによる職員の懲戒処分も相次いでいた。

i．2010年でも、大阪市沖の処分場に基準値を超える煤塵176tを運び込んでいた。

j．基準値オーバーについては、幹部を含め職員は知っていたが、「一時的な異常」として、報告を疎かにしていた。

k．処分を運営する大阪湾岸広域臨海環境整備センターは、2013年、23回にわたって搬入停止処分をしていた。

⑵　原因

a．廃棄物処理法及びダイオキシン類対策特別措置法など法令・規制要求事項の重要性、すなわち、法令・規制などに対する認識が希薄だった。

b．大気中の環境基準を超える塩化水素を放出していた。順守義務意識がなかった。

c．「徴収先の分担金を間違えて他町より抽出」は運用の計画および管理体制が甘い。

d．酒気帯び運転やセクハラをしている職員を見逃しているのは、管理者層の管理監督の責任の意識がない。同時に職員としてあるべき姿勢が全くみられない。

e．土壌(どじょう)汚染、水質汚濁(おだく)等の法の重要性の知識が十分でない。

f．データの改竄が一時的とはいえ、文書偽造に相当することを自覚・認識していなかった。人々に与える有害性の影響を怠った行為である。

g．「一時的な異常」とは言え、異常発生の場合、直ちに適切な是正を必要とする認識が不足。

h．組織ぐるみの違法をいくつも何回も繰り返しており、この事実を放置したままでトップの責任意識が欠落している。

⑶　今後の対応策（２事件共通）

a．廃棄物処理法、ダイオキシン類対策特別措置法など、法令規制要求事項を厳守すること。

b．国のガイドラインに沿って、市の維持管理計画書を作成し、レビュー・検証・妥当性確認並び維持管理を確実にすること。

c．組織の全職員の教育・訓練および力量・認識・自覚を促すこと。

d．記録や文書類の改竄は絶対になくすこと。

e．ISO14001の認証登録によりリスクマネジメントに取り組み、組織の知識向上に努めること。

f．ISO14001の認証登録により、各プロセスの計画・実施・検証・ステップアップをすること。トップの関与はもとより、自主検査に相当する内部監査が容易になる。

g．府県など上位組織の監査により問題・課題発見が速かにできる。

h．認証登録をすると審査機関による審査を少なくとも毎年１回受けなくてはならない。審査員は相手の組織に対応可能な専門知識をもっている主任審査員がリーダーとなり、メンバーも少なくとも審査員補または審査員、時には主任審査員の有資格者により、審査を定期的または、場合によっては臨時に実施する。第三者による客観的事実に基づく有効性・適切性にすべてのプロセスに関して審査を実施するので、行政・組織にとってメリットは多くある。

注記：上記２つの事件は氷山の一角と思える。しかしながら、国際規格のISO14001認証登録済の組織では、このようなミス（事件）がほとんど発生していないことを認識し、官公庁や第三セクターといえどもリスク排除に努めるためにもISO14001（環境マネジメントシステム）の認証登録に取り組むことを推奨する。

⑷　対応すべき国際規格

ISO14001

4.1 組織及びその状況の理解　4.4 環境マネジメントシステム
5.1 リーダーシップ及びコミットメント　5.2 環境方針
5.3 組織の役割、責任及び権限　6.1.3 順守義務
6.1.4 脅威と機会に関連するリスク
6.1.5 取り組みのための計画　6.2.1 環境目的
6.2.2 環境目的達成のための取り組みの計画策定　7.1 資源
7.2 力量　7.3 認識　7.4 コミュニケーション
7.4.2 内部コミュニケーション　7.4.3 外部コミュニケーション
7.5.2 作成及び更新　7.5.3 文書化した情報の管理
8.1 運用の計画及び管理　8.2 緊急事態への準備及び対応
9.1 監視、測定、分析及び評価
9.1.2 順守評価　9.2 内部監査　9.3 マネジメントレビュー
10.1 不適合及び是正処置　10.2 継続的改善

以上の要求事項は規格のほぼすべてを占めている。このうち法令規制等の厳守として、順守義務に関しては全体で10項目にわたって要求している。

注記：経営レベルから言えることは、「基本となる社内規則」（内部統制）

への取り組み（関係者の明確化）を確立すること。会社法はそのために重要である（第４節取締役、第348条業務の執行及び会社法施行規則第98条業務の適正な確保をするために、法務省令で定める体制の整備をすることが重要）。

(5) 教訓

ａ．法の番人法破り　ｂ．嘘隠すために嘘繰り返す
ｃ．まきちらす汚染、己れも家族も汚染する
ｄ．民間に押し付けすれど行政とらないISO
ｅ．行政なればこそ範を示せ　ｆ．やりたい放題、たれ流す

37、全国にはびこる危険ドラッグ

(1) 背景

ａ．東京・池袋で2014年６月、危険ドラッグを吸ったとみられる男の車が暴走して８人が死傷するなど、危険ドラッグが蔓延（まんえん）している。
ｂ．乱用者の事故や事件が絶えない。麻薬や覚醒剤と似た作用があり、取り締まりが強化されてはいるが、規制の網をすり抜け、新種がすぐに現れる。
ｃ．これらの事故や事件は、本人はもとより、他人や器物などにも損害を与えている。
ｄ．吸引すると麻薬や覚醒剤のような幻覚、興奮作用を引き起こす化学物質が含まれている。
ｅ．好奇心や自分は大丈夫といった、気のゆるみから使用される。

表9　危険ドラッグが関係したとみられる事件と対策

2004年7月	東京都杉並区で危険ドラッグを使用した男が同居中の女性を刺殺
2005年4月	東京都が危険ドラッグへの罰則を明記した全国初の薬物乱用防止条例を施行
2007年4月	改正薬事法施行。危険ドラッグの一部を「指定薬物」と位置づけ、製造・販売などを禁じる
2012年5月	大阪市で危険ドラッグを吸った男が車で商店街などを暴走し、ひき逃げなど6件を繰り返して主婦が重傷
9月	北海道旭川市で男が危険ドラッグ欲しさに金を無心し、父親を刺す
	新大阪駅で危険ドラッグを吸った男が新幹線の線路内に侵入して逮捕される。「追われている気がした」と供述
10月	愛知県春日井市で男が危険ドラッグを吸って車を運転し、自転車の女子高生をはねて死亡させる
2013年3月	指定薬物を個別に指定するのではなく、成分が似た薬物を一括して規制する「包括指定」を新たに導入
2014年1月	香川県善通寺市で男が危険ドラッグを吸引後に車を運転し、女児をはねて死亡させる
2月	福岡市で男が車を運転中に10台に衝突し、15人負傷。「危険ドラッグを吸った」と供述
6月	東京都豊島区で車が歩道を暴走して8人死傷。運転していた男が「直前に危険ドラッグを吸った」と供述。車内で見つかったハーブから規制外の物質を検出

f．しかし、ドラッグ効果（有害）がなくなると、イライラしたり自分の立つ位置がわからない状況に至り、ドラッグを吸引せざるを得なくなる。

注記：これらの現象は、競馬・競輪・ボートレース・パチンコ・スロットマシン・宝くじの買い続けなどに見られる依存症候群と同様。悪い、損するなどが「わかっちゃいるけどやめられない」といった症状でもある。

g．販売業者の中には「絶対に体内に摂取しないでください」などと店頭に明記したり、同意書を取ったりするものの、購入者はこの約束事を守っていない。

h．東京都では薬剤師の資格をもつ職員にしか立ち入り調査が認められていない（他の行政もほぼ同様だと思われる）。条例改正を早急にすることが肝心だ。

ｉ．違法性を摘発するには、客が吸引するのをわかって販売したことを立証しなければならないが、ハードルは相当高いのが現状である。

ｊ．ドラッグを使った人が車を運転して関係のない人をはねて死なせることもたびたびある。

ｋ．街中の店やインターネットで、お香や入浴剤だから「違法じゃない」と嘘を言って売っている。

注記：危険ドラッグとは？

覚醒剤や大麻など違法薬物に化学構造を似せて作られ、似たような幻覚作用などがある薬物の総称。違法薬物が入っていないと謳(うた)いながら、実際は入っているものもある。麻薬取締法や薬事法の規制外にあることから「脱法ドラッグ」と呼ばれていたが、危険性が伝わらないとして警察庁などが2014年７月に呼称を改めた。厚生労働省は、人体に有害な薬物について、化学構造が似たものをまとめて薬事法で規制する包括指定を導入し、警察と連携して取り締まりを強化しているものの、化学構造を変えた新種の薬物も出回り、いたちごっこが続いている。

⑵　原因

ａ．毒性が強くて呼吸困難やけいれんを起こし、この世にないものが見えるような症状が起こる。

ｂ．使った人だけでなく、他人の命をも奪う危険な薬だとわかっていても、一度使うようになると、薬の効果が薄れてくると再び薬を求めることとなる。

c．違法な薬物が含まれていれば持っているだけでも禁止。しかし、成分を調べるには、２～３ヵ月も要し、困難である。

d．事件と事故との「いたちごっこ」である。法整備と共に早期発見と対処に関して法令順守を急ぐものの十分に進んでいない。

e．上記まででも読み取れるが、強い毒性があり呼吸困難や意識障害、さらには死に至ることもある。

f．急性中毒症状で救急搬送されたのは、たとえば2012年では469人に上り、2011年の48人の約10倍近くに急増している。

g．肝障害などを併発した人も多く、2000年～2012年に搬送された518人のうち、182人（35％）は入院治療、10人（２％）は精神科への転院も必要となっている。

h．搬送前、暴力をふるったり、交通事故を起こしたりと、周囲に危害を与える事例が約10％もある。

i．危険ドラッグの乱用者の約40％超で幻覚や妄想の症状が現れ、覚醒剤使用者数を上回ったことも判明（国立精神・神経医療研究センター精神保健研究所のチームの2012年９～10月の調査による）。

j．危険ドラッグを吸い、運転し、正常運転ができず、道路交通法違反（過労運転等）で逮捕。名古屋市内でハーブを購入し車内で吸引し、帰宅する途中だった。〈岐阜県〉

k．乗用車が暴走し、２人にけがをさせた運転手は自動車運転死傷行為処罰法違反（危険運転致傷罪）。〈東京都〉

l．上記ｊ・ｋとも、危険運転致傷罪は新法により、従来の「薬物の影響で正常な運転が困難な状態」だけでなく、「薬物の影響で正常な運転に支障が生じるおそれがある状態」にも適用されるようになった（f～lに事例の一部を記した）。

m．指定薬物などを含め、取り締まるべき警察官が危険ドラッグを

１年前から使用。2014年６月、愛知県警の巡査部長は、薬事法違反（指定薬物の所持）で逮捕された。仕事のストレスを解消するために１年ほど前からインターネットで購入していた。

(3) 今後の対応策

ａ．危険ドラッグに関しては、政府は疑いがある段階で売らせないことを法令、規制で早急に立法化すること。

ｂ．「指定薬物」の制度は、改正薬事法（2007年施行）において、危険性が高いと判断した物質を個別に分類し、輸入・製造・販売を禁止している。指定薬物は実に1,379種類もある。

ｃ．改正薬事法における罰則は「３年以下の懲役か300万円以下の罰金」として定めているが、より厳しい罰則を設ける必要性がある。とくに輸入・製造業者に対して根絶を目的とした罰則が必要だと考えられる。

ｄ．こうした罰則は、一部の行政ではなく、政府が都道府県全域に適用できるように取り組むことが重要である。

ｅ．適用法令として、麻薬取締法、道路交通関連法、薬事法などはもとより、関連する法整備を施行することも忘れてはならない。

ｆ．危険ドラッグに手を出したことのある人は、全国で約40万人に上ることを考えると、蔓延を阻止するためには、政府は緊急対応策を速やかに立法強化し、摘発の徹底で流通を阻止することが求められる。

ｇ．輸入される「危険ドラッグ」を含め「人害防止」には水際作戦も厳守すること。

(4) 対応すべき国際規格

ISO9001

4.1 組織及びその状況の理解
5.1.1 品質マネジメントシステムに関するリーダーシップ及びコミットメント
5.3 組織の役割、責任及び権限
6.1 リスク及び機会への取り組み
6.2 品質目標及びそれを達成するための計画策定
6.3 変更の計画　7.1.3 インフラストラクチャー
7.1.4 プロセスの運用に関する環境
7.1.5 監視用及び測定用の資源　7.1.6 組織の知識　7.2 力量
7.3 認識　7.4 コミュニケーション　7.5 文書化した情報
7.5.2 作成及び更新　8.1 運用の計画及び管理
8.2 製品及びサービスに関する要求事項の決定
8.3 製品及びサービスの設計・開発
8.5.2 識別及びトレーサビリティー　8.5.5 引渡し後の活動
8.5.6 変更の管理　9.1.3 分析及び評価　9.2 内部監査
9.3 マネジメントレビュー　10.2 不適合及び是正処置
10.3 継続的改善

(5) 教訓

ａ．わかっちゃいるけど止められない
ｂ．悪人は悪人を誘い込む
ｃ．後手後手対策、間に合わぬ
ｄ．悪薬そのものを製造するな、輸入するな、買い込むな
ｅ．知識を良い方に使う賢人を見習え

38、「木曽路」牛肉銘柄を偽装

⑴　背景

ａ．食品偽装表示問題は、2013年10月ごろから全国のホテルや百貨店、有名飲食店などで相次いで発覚した。

ｂ．しゃぶしゃぶチェーン「木曽路」（本社名古屋市）が、無名柄の和牛を価格が高い「松阪牛」や「佐賀牛」と偽って2012年４月から2014年７月の間、北新地（大阪市北区）、神戸ハーバーランド店（神戸市中央区）、刈谷店（愛知県刈谷市）で計7,171食を偽装したまま、提供し続けていた。

ｃ．判明した7,171食のうち、6,880食と突出していた大阪の店舗では、食品の虚偽表示が各地で相次いで発覚した2013年の秋以降も続けていた。

ｄ．北新地店では、2014年４月に交代した新旧２人の料理長が不正と知りながら、引き継ぐなど、３店で計４人の料理長が関与していた事実を認めている。

ｅ．神戸ハーバーランド店は245食、刈谷店は46食を提供している。

ｆ．しかも、税抜き7,000円「松阪牛」しゃぶしゃぶのコース料理に、同5,500円で提供しているコース料理と同じ和牛肉を使うなど、利益本意、顧客無視を繰り返していた。

⑵　原因

ａ．有名チェーン店だけに、「まさか違う肉を使っている」ことを利用者は全く気づかなかった。私も、同期間中に相棒とともに行き、しゃぶしゃぶ「木曽路」なら安心だと信用して２度ばかり利用したが、偽装という報道を見てびっくり!!

ｂ．仕入れと販売の実態を全く把握せず、監督する立場だった社長は弁明しているが、利益本意の心中はいかがなものか。

ｃ．「原価の抑制」が料理長の人事評価に繋がる制度そのものが顧客無視である。

ｄ．すなわち、仕入れを料理長だけに任せていた体制が現存しており、経営者が管理監督の責任を回避している姿勢に、偽装が永く続いた大きな要因である。

ｅ．料理長は人事評価に影響するので、恐らく悪いと思う心があるものの、お客様は気づかないので、「店の利益を増やすためにやった」と語っている。

⑶　今後の対応策

ａ．私の職業柄、まず気になるのは、ISO22000（食品安全マネジメントシステム）もしくは、ISO9001（品質マネジメントシステム）が認証登録されているか否かで、今後調査したい。

ｂ．ISO22000またはISO9001を認証登録済みで継続維持していると仮定した場合、「重大なる不適合」となり、場合によって認証登録証書は取り下げか、審査機関を変えて、再審査して再建する必要がある。

ｃ．上記ｂとは逆に、ISO22000またはISO9001の国際規格取得に取り組み、認証登録をすること。「認証登録」のために審査機関により審査を受ける。すなわち、顧客の代理人的存在である第三者審査により担保されるだろう。

ｄ．牛肉を生産している生産農家も含め、流通方法など現地で審査をすること。これは、まじめに働いておられる生産農家を保護することにも繋がる。

e．「景品表示法違反」に相当する。消費者庁と愛知県は連携し、調査したうえで二度とこのような事件が起こらないよう取り組むことが先決である。

f．食べ物を注文する前、「お通しです」と言って出される“おつまみ”（有料）の鮮度によって、おおむね店の姿勢がわかる。本当にサービスとしての「お通し」ならば気配りを十分すること。

g．お客に見せる「メニュー」は、産地や牛の識別登録などをより明確にすること。

h．調理場を透明ガラスなどで仕切り、お客様から調理状況を可視化すること。

(4) 対応すべき国際規格

a．ISO9001の要求事項のすべてに対応すること

b．ISO22000の要求事項のすべてに対応すること

注記：ISO22000には、ISO9001にある「設計・開発」と「購買（供給者・協力会社）・顧客満足」に関しては含まれていないので、もし１つの規格で絞り込む場合は、ISO9001の中にISO22000の要求事項を組み込むか、もしくはその反対の仕組みでも可能である。

(5) 教訓

a．懲（こ）りずまた、元気で行い大失態

b．「積小積大」心得てこそ商売繁盛

c．悪意は天に唾を吐き、せまり苦しみ我が組織は続かず

d．正直者が馬鹿を見るが、永く続けば正直者に勝利来る

e．身を挺（てい）して困難克服に立脚すれば立ち直る

ｆ．アイエスオー（ISO）うまく使えば成長する組織多くあり

39、「すき家」過重労働常態化、発覚

(1)　背景

ａ．牛丼チェーン「すき家」で長時間労働や賃金不払いが放置されているなど、多くの問題が運営するゼンショーホールディングス（HD）が設置した第三者委員会の調査報告書で明らかになった。

ｂ．全体評価

①過重労働問題などに対する「麻痺（まひ）」が社内に蔓延（まんえん）している。

②成功体験などにとらわれた経営幹部の思考・行動パターンが、劣悪かつ慢性的な過重労働環境の常態化を招いている。

ｃ．長時間労働

①2014年３月に非管理職の平均残業時間が約109時間に上っていた。

②店舗社員の経験者のほとんどが24時間勤務を経験していた。

③恒常的に月500時間以上働いていたり、家に２週間帰れなかった社員もいた。

ｄ．１人勤務

①１人勤務のため、休憩もとれず、トイレにも行けない場合もあった。

②深夜に、強盗事件が相当数発生するものの、１人勤務のため手の施しようがなかった。

ｅ．組織上の問題

①過重労働問題が多発しているにもかかわらず、取締役会へ適切な報告は一切されていなかった。

②「自己責任」の名の下に、上から下への責任の「押しつけ」などがあった。

③労働基準監督署から再三、法令違反を指摘されていたのに、会社は根本的対応をしていなかった。

④創業以来初の赤字決算は、従業員に過重労働を強いてきたツケとなった。

⑵　原因

a．社員やアルバイトの人たちは、上層部役職員に過重労働に関して意見を申し出ることが不可能な組織体制（責任と権限）にある。

b．会社全体に「組織の知識」や「内部コミュニケーション」の機会がなかった。

c．労働安全衛生に配慮する意識が取締役および上層部には全く窺えない。

d．あくなき店舗網の拡大と、労働コストの切り詰めで利益をひねり出すビジネスモデルの欠陥を露呈した。

e．残業代ゼロで酷使される「名ばかりの管理職」について指摘されていたが、改善されていなかった。

⑶　今後の対応策

１．すき家の対応策

a．労働安全衛生法等労基法違反をなくす組織体系（体制）に根本的に改善すること。

b.「トイレにも行けない状態」から想定できることは、食品衛生上も大きな問題がひそんでいる。この実態を改善しない限り、顧客は利用しない。食文化へのリスクを減らすことも必要である。

c. 多くの問題を解決するためには、取締役の総入れ替えとともに、正規社員やアルバイト従業員の待遇改善対応策ができるまで、業務停止を労基署は通達すること。

2. 他社もレビューを

a. 大量退職や採用難は、自社の労働環境が不当に厳しいことを示すサインである。このような兆候のある企業は、すき家を“他山の石”とし、勤務体制や処遇を再確認すること。

b. 過労による心疾患などで労災認定された人は年々増加している。過労の改善をレビューしよう。

c. 精神疾患による労災も心疾患者数の倍以上に増えている。これも改善を促すこと。

d. 2014年度に成立した過労死防止法に基づき、政府は実効性のある対策を講じること。

e. 過重労働などの疑いのある約5,000社の企業の内、約80%が法令違反会社である（厚生労働省調査）。見逃す訳にはいかない。取り締まりを強化をせよ。

f. 違法行為の監視・摘発体制を十分にすべき（取り締まりに当たる労働基準監督官は、労働者１万人当たり0.5人で、多くの主要国を下回っている）。

注記：2012年度にISO14001（EMS）が取り下げに追い込まれていた。そもそも、EMSではなくもっと重要な国際規格に対応していたことにも問題がある（すき家の場合）。

⑷　対応すべき国際規格

ａ．OHSAS18001の要求事項を満たすこと

ｂ．ISO22000の要求事項を満たすこと

ｃ．ISO9001の要求事項を満たすこと

この３規格を満たした後、できればISO14001の要求事項を満たすべき努力をするとよい。「是正すべきことは是正する」と小川賢太郎会長兼社長が宣言した。ならば重要規格を取得することが肝要であり、顧客を呼び込み従業員が安心して働けるようになれば、会社の信頼も回復し、売上高も利益率も保てるだろう。

⑸　教訓

ａ．信用信頼のために投資せよ

ｂ．目先の利より、持続的成長を目指そう、その後に益がある

ｃ．是正するのは、今でしょ！

ｄ．顧客は離れ、同業もはた迷惑だ

ｅ．百を語らずとも一の表現と仕組み、それがISOだ

ｆ．コンサルと審査機関と審査員の選択を間違えると、ムダな投資となる

ｇ．他人の意見を無にしてはならず、己に言い返そう

ｈ．「一致団結、責任、権限、組織の知識」など、マネジメントシステムを共有化しよう

40、観光都市、京都宣言の矛盾

(1)　背景

ａ．新景観政策

①市街地のほぼ全域で建物の高さやデザインを規制。屋外広告についても、屋上看板や点滅式広告を全域で禁止するほか、表示する高さや使用できる色を地域ごとに細かく定めている。

②景観保全のための景観条例を2007年に「屋外広告物等に関する条例」に改正し、古都の景観にそぐわない看板を規制。2014年８月31日に７年間の猶予期間を定めていた。

ｂ．看板規制概要

①屋上看板、点滅式看板を京都市全域で禁止。

②路上に突き出した看板は原則、禁止。

③看板を表示できる高さは20ｍまで（建物の高さが20ｍ以下の場合は高さの３分の２まで）。

④看板の面積は壁面の30％まで。アーケードがあるところは、アーケード上部面積の30％まで。

⑤色の明るさと鮮やかさを規制（市中心部の四条通りの例、規制内容は場所により異なる）。

ｃ．大通りでは一掃

①繁華街の四条通りなどでは、派手な色合いだったり、路上に突き出したりしていた看板が次々と姿を消してる。

②しかしながら、今なお京の美を損なう看板が約３割は残っている。市内の屋外広告物は2013年12月末時点で４万5,648件。違反看板の多くは撤去されたが、大通りから奥に入った通りなどで掛け替えは進まず、３割弱の約１万2,000件がなお違反

状態である。

⑵　原因

ａ．３割弱の違反状態はなぜ残っているのか？

①厳しい規制に対して、とくに中小企業や小規模店舗で不満が広がっている。たとえば、「たった10cm違反しているだけなのに」と旅館側。狭い路地沿いにあるため、場所がわかりにくいと宿泊客から苦情が出る。旅館名の書かれた看板は大通りからの唯一の目印だった（JR京都駅近くの旅館）。

②周囲はビルばかりで、到底景観を損ねているとは思えない。こんな場所まで規制する必要性があるのか。私も現地視察したが納得できないし、小規模な事業者や同店舗などの経営者の気持ちがわからないでもない。

③看板の撤去および掛け替えの費用は、事業主の全額負担のため、中小企業には、その負担も大きい。

ｂ．京都観光の顧客の声、事業主の声

①店のブランドを高めるための看板の撤去は、弱者は商売するなと言わんばかりだ。

②「ISO9001（品質）とISO14001（環境）の認証取得の看板はダメで、KESの看板は黙認する」市の行政。京都版KESを優遇し、国際的に認められているISOはダメなどとは全くおかしな話だ。京都市から他府県に本社を移転する覚悟を決めた。

③そもそも京都市内の道路は大通り以外はほとんど一車線で一方通行。その道路に不法駐車・駐輪がまかり通る。看板撤去のみになぜこだわるのか。

④道路上にある電柱（支柱を含め）も、歩行者や自転車、自動

車の運行を妨げていることの方がもっと大きな問題ではないか。

⑤せっかく京都に来て観光するものの、電柱間に張り巡らされている電線がカメラ撮影には邪魔で、「記念写真」としての価値が落ち、心寂（さび）しい想い出しかない。

⑥日本の「おもてなし」の言葉は、行政の言葉遊びに過ぎない。

⑦市屋外広告物適正化推進室の担当者は、「条例で定めている以上、例外を認めるわけにはいかない。悪質な事例は優先的に指導する」とのことだが、条例を定めたのは行政で、市民や観光に訪れる人々の意見を考慮したのか疑いたくなる。

以上の７項の原因は、私自身、市のあらゆる場所を視察し、インタビューした結果を要約したものである。

(3) 今後の対応策

a．市全域の一車線道路をなくすために、大々的に区画整備をし道路幅を広げ、ゆとりをもって歩行可能、通行可能になるよう取り組め。

b．市全域を無電柱にせよ。すべてを地下の共同溝（キャブ）に埋設すること。

c．市民および観光客の声をムダにするな、何のための行政指導か。当局は原点に返り、レビューすべきである。

d．上記のような声を尊重し、実行することそのものが観光都市、環境宣言都市の「おもてなし」であることを重視せよ。

e．看板撤去や取り替えに必要な費用を、行政が全額負担もしくは３分の２くらいの補助金（助成金）として提供すること。

⑷ 対応すべき国際規格

ａ．ISO14001の要求事項のすべてに対応すること
ｂ．ISO39001：2013道路交通安全マネジメントシステムの要求事項のすべて

注記：海外や他の地域から京都市に来られる人々のためにも、KESより国際的に認知度が高いISOを優先すべきである。

⑸ 教訓

ａ．姑息（こそく）な手段、愚の骨頂（こっちょう）　ｂ．井の中の蛙大海を知らず
ｃ．顧客も誰も何も知らないから
ｄ．閉鎖的な態度、凡人の知恵に等しき

41、韓国旅客船「セウォル号」沈没

⑴ 背景

旅客船「セウォル号」（6,825t）沈没は2014年４月16日に起こった。沈没の主たる背景は以下のとおり。

ａ．現場付近の操船は、通常一等航海士が担当しているが、出発が濃霧の影響で遅れたため、航海士の運航区間が変わった。
ｂ．代わりに、三等航海士（女性25歳）が、現場航路の経験が今までないのに操船し、急旋回をしてバランスを崩し転覆。
ｃ．操舵機の異変は１ヵ月前からあり、修理申請書を出していたが、修理はなされないまま運航していた。
ｄ．修理申請書には、操舵機の電源部分などのトラブルが記載さ

れていた。

e．船には車180台、貨物約1,157tが積載されており、乗客485人が乗船していた。いずれも申告より多く、過積載であった（申告書には車150台、貨物950t、乗客450人と記されていた）。

f．積み荷のコンテナや乗用車の固定が不十分であった。

g．船の復原力を維持する「バラスト水」を減らしていた。

h．救命いかだが塗装で固っていて使える状態ではなかった（非常事態に備えるようにするのが常識だが機能はしなかった）。

i．乗員の救助を優先していた。船長は一般客を装い一番に脱出。自分の生存だけを考え続けていた。

j．乗船客には救命具の使い方を教えておらず、事故時は、脱出させなければならないのに、「船内に入れば安全」とのアナウンス（７回）を流し、乗務員たちの脱出のみを実行した。

k．官僚は、公共放送（国営テレビ）に対して、沈没事故報道を含め、政府批判をするよう指示していた。後に、公共放送KBS社長は解任された（政府が100％出資した会社なので大統領に権限がある）。

l．事故に際し、初期対応が遅かった。日本やアメリカに援助を要請していればよかった。政府が、日本やアメリカに借りをつくることを避けたためだとの国民の批判もあった。

⑵　原因

a．セ号は前年３月の就航以来、過積載が常態化しており、事故当時も最大積載量（987t）の約４倍近く積載していた。その反省（教訓）は全く見られなかった。

b．その他セ号全体に危機管理意識はなく、船体の修繕すべきところは何も修理していなかった。

c．船長以下全乗員の教育は形だけのもので、安全管理・リスク管理・緊急事態などの訓練はされていなかった。過去にもたびたび事故を起こしているにもかかわらず、インフラストラクチャー、作業環境はもとより、人の技能・学習などに対する資金投資はされていなかった。

d．2012年に改造した影響で左舷と右舷のバランスが悪くなり、傾いた際の復元力に深刻な問題があったが、再改造はされていなかった。

e．過去にも韓国ではさまざまな事故が発生しているが、その教訓は全く活かされていない。

f．利益優先で、人命尊重の意識がなく、官民癒着は昔からあり、「責任者の先逃（せんとう）」（責任者が率先して逃げること）は朝鮮半島の伝統だという指摘もある。何年かたつと、また同じような汚職絡みの大人災事故が起こり、責任者の先逃が繰り返される。

表10　韓国で起きた主な大事故

発生日時	事故名	犠牲者数	おもな原因
1993年10月10日	西海フェリー号が全羅北海沖で沈没	292人	高波・強風の中で無理な出航 乗客も定員オーバー
1994年10月21日	ソウルの漢江にかかる聖水大橋の橋げたが崩落	32人	手抜き工事と管理不行き届き 市が完成後に本格検査を一度もせず
1995年6月29日	ソウルの5階建て三豊百貨店が崩壊	502人	設計・施工ミス 崩壊の兆候が見えた後も営業続行
2003年2月18日	大邱の地下鉄放火事件	192人	乗客の男が自殺しようとガソリンで放火 運転士ら、乗客の避難措置取らず
2014年4月16日	旅客船「セウォル号」が沈没	304人（行方不明者含む）	過積載と復原力不足 船員が乗客を避難誘導しないまま逃亡 検査機関の監督不行き届き
2014年5月2日	ソウル地下鉄で衝突事故	重軽傷240人	安全運転注意義務違反

g．船会社のオーナーは一族で運営する宗教団体（キリスト教系）の信者を社員にし、旅客船の操船などをさせていた。

h．同様に、オーナーが作成したカレンダーを、高額でかつ強制的に社員らに買わせるとともに、社員にはカレンダー販売も強要していた。

i．政府高官らに以前から多額の寄付をし、問題を今までうやむやにしていた。いわゆる「官民癒着」を繰り返し行っており、官僚も「見て見ぬ」ふりで通してきた。

j．官僚は癒着業者に甘く、一般国民に厳しい取り締まりをする。他の問題でも以前からたびたび問われている。

k．大統領を始め、官僚には「危機管理」に関する自覚・能力がない。

l．船の安全検査を担当する「社団法人韓国船級」は、船の設計会社から食品を受け取るなどし、不十分な安全検査しか行わない一方、海洋水産幹部や政治家らに食品を提供していた。

m．海洋業界だけでなく、建設や環境など各業界（約80団体）に天下りがあり、そのため、手心（てごころ）を加えていた。

(3) 今後の対応策

a．大統領、各大臣は、危機管理意識をもち、緊急事態への対応を確実にすること。

b．船会社の経営陣は、売上や利益以前に、船を利用する顧客に安全・安心を提供すること。

c．航海や航空は、陸上の車以上に危険が伴う。すなわち、いったん事故が発生すると死亡や行方不明者が何倍も多くなることを認識・自覚し、安全管理に努めること。

d．出航する前に、保守・点検を確実に実施すること。

e．運航を担当する職員には、健康管理とともに、技術技能の力量向上および、それぞれの役割・責任を適切に管理運営すること。

f．すなわち、インフラストラクチャー・作業環境・人的資源の重要性を自覚・認識し、これらの資源への提供を全社一体となってレビューし、人の命の大切さを尊重し適切な運用管理を行うこと。

g．政府は日本やアメリカ等の協力を素直に受け入れ、救助に対応すること。

h．事故防止（リスク管理）に際し、緊急連絡網（体制）を明確にし、情報管理を確実にすること。

i．韓国国内の国民およびメディアが発する、「韓国は三流国家」「生命や安全の価値に無関心だ」「恥ずべき国を次世代に引き継がないこと」「過去のいくつかの事故を教訓にしていない」という声を謙虚に受け止め、対応すること。

⑷　対応すべき国際規格

a．ISO9001の要求事項のすべて

b．ISO14001の要求事項のすべて

c．OHSAS18001の要求事項のすべて

d．ISO27001の要求事項のすべて

⑸　教訓

a．官界財界癒着の根源を断つこと　b．不当な益は身につかず

c．悪銭は身を滅ぼす　d．事故は一瞬、命は一生、忘れてならぬ

e．責任を一時は逃れど、やがてはわかる　f．原点に帰れ

〔参考〕日本における海難救助の対応は以下のとおりである。参考にするとよい。

ａ．海難救助は初動をいかに速くするかが重要。悪条件下でどのように対処するかを普段から想定し、不測の事態に備える。すなわち、緊急事態への準備および対応を行うことが重要である。

ｂ．日本周辺で海難事故が発生した場合、海上保安庁の特殊救難隊などが、巡視船艇や航空機と連携して救助に当たる。

ｃ．海保には専門の訓練を受けた潜水士が約120人おり、転覆事故などの際、水深40ｍまで潜ることができる。

ｄ．さらにとくに優れた潜水士を集めた特殊救難隊が、羽田空港内の基地に拠点を置き、常時待機している。

ｅ．特殊救難隊は36人おり、24時間体制で待機している。

ｆ．海上で漂流する遭難者をヘリコプターで救助する「機動救難士」も全国８箇所に配置している。たとえば、2013年に海保に通報があった海難事案では、救助率は96％に上る。

ｇ．海難事故で生存者を救出する場合、「船内に空気が残っている」「体が海水につからず低体温にならない」「飲料水がある」などの条件に注意を払うこと。

42、広島土砂災害!!

(1)　背景

ａ．平成26年８月豪雨による広島市の土砂災害は、先の台風による雨水が土砂にたまっていたため、少量の雨でも土砂災害が起きる恐れがあったにもかかわらず、危機管理がされていなかったことが背景にある。

b．広島県は県土の約70％が山地で、土砂災害の危険箇所は３万1,987箇所と全国で最多であるにもかかわらず、防災対策の意識が全国で最も低い。

c．今回の災害が発生した地域は、人口増加に伴い、山側に向かって宅地開発が進み、災害発生の危険率がもとより高い地域にもかかわらず、行政の宅地開発許可指導が十分ではなかった。

d．土砂災害は、日本海に停滞していた前線に南から暖かく湿った空気が流れ込んだため、猛烈な豪雨となったことが原因。

e．土地は、おもに「まさ土」のため、弱い雨でも危険な場所であった。非常に崩れやすい土質であった。

f．既に崩れた箇所より高い位置にある斜面は、急傾斜の崖となるため不安定で、この崖が雨によって崩れ、再崩壊の恐れがあることは、宅地開発の時点で判断できたにもかかわらず、開発許可を無条件で安易に認めたことが大きな背景の一つといえる。

g．断続的降水のため、救助・捜索は遅れた。

h．災害で倒壊家屋の下敷きになった被災者を生存のままで救助する場合、３日間（72時間）が限度であり、それより延びれば生存率は低くなる。救助・捜索を阻（はば）んだのは、さまざまな残骸（ざんがい）と泥濘（ぬかるみ）状態のためだった。

i．避難勧告の発令があまりにも遅かった。気象庁が降雨量などをもとに、「土砂災害警告」を出していたが活用されていなかった。

j．土砂災害警戒情報は、住民が土砂災害に遭わないように自治体が避難勧告を出す重要な判断材料にもかかわらず、災害警戒情報が生かされなかった。

k．豪雨による増水に加え、山から流れ込んだ土砂で護岸が崩壊し、流木や家屋などの残骸が橋脚にはさまり、流水を妨げた。

l．広島県内で過去に発生した土砂災害の実態を教訓に、防災対策や砂防地域指定をなおざりにしていた行政の怠慢が、今度もまた多大な土砂災害を招いた。多くの住民に被害をもたらし、死に至らしめ、損害も多大であることを重ねて述べるが、行政の力量が問われ、自覚・認識の知識がなかったと思われる。

m．被災地域で避難者宅を狙った空き巣被害も起こっている。また京都府福知山市では、災害ボランティアの募集に応募した若者（20～30歳）４人が倒壊した家屋に入り、「現金（３万円）と通帳・印鑑・キャッシュカード」を盗むという事件もあった。

表11　広島県内で発生したおもな土砂災害

発生年月	要因	おもな被災地	被害概要
1945年9月	台風	呉市、廿日市市	死者・行方不明者2012人
1951年10月	台風	大竹市、広島県西部	死者・行方不明者166人
1967年７月	豪雨	呉市	死者・行方不明者159人
1972年７月	豪雨	三次市	死者・行方不明者39人
1988年６月	豪雨	安芸太田町	死者・行方不明者15人
1993年７月	台風	安芸太田町	家屋全壊１戸など
1999年６月	豪雨	広島市、呉市	死者・行方不明者32人
2005年９月	台風	廿日市市	家屋全壊４戸、一部損壊44戸など
2006年９月	台風	広島市、北広島町、安芸高田市など	死者・行方不明者　２人

(2) 原因

a．上空に寒気が発生し、大気が不安定であった。

b．広島県全域を調べると地質が脆（もろ）く土砂災害の恐れが高いうえに、山裾まで宅地開発が進み、危険性があることが以前から指摘されていた。

c．長い時間、同じ場所に居座ったため、「線状降水帯」と呼ばれる記録的な豪雨となった。

d．当地域周辺は花崗岩（かこうがん）が風化してできた「まさ土」というもろい地層が地表を覆っているため危険性はさらに高まった。

e．堆積した「まさ土」は、上の方は30～50cmの岩石で埋まり、山崩れで流れ出す水の量が多くなる傾向を、県の土木技術は上司に進言していなかった。

f．被害の大きかった３地区は１箇所で200mm超の雨を記録している（安佐北区可部町上原238ｓ、同区三入223.5mm、同区可部町大林217mm）。

g．広島県は土砂災害の「特別警戒区域」「警戒区域」の指定を進めているが、今回の地域の大半は未指定であった。

h．発生後の避難勧告指示は後手に回っており、行政の対応の悪さがある。

i．今回の豪雨は「バックビルディング現象」が原因の可能性あり。

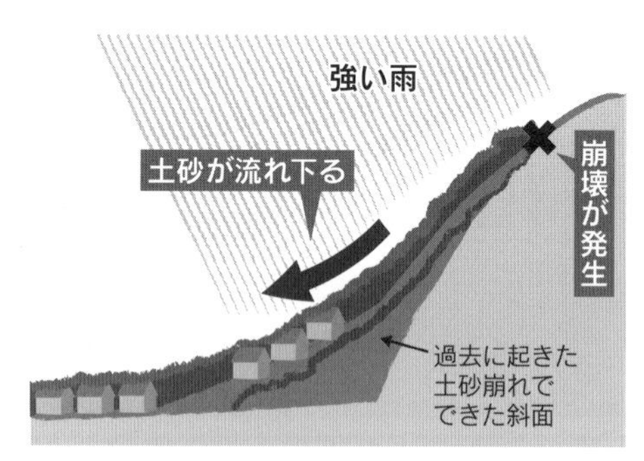

図9 広島市で起きた土砂災害

j．各自は、自分の家が建つ地盤の特徴や過去に起こった災害などの事例を自治体や専門家らに確認する意識がなかった。

k．避難勧告は人的被害を回避するために、災害が起きる前に出し、安全な場所に避難してもらうのが本来の目的である。今回は雨量の分析を誤り、勧告を出すのが遅れてしまった。

l．夜間豪雨災害の恐ろしさを「他山の石」として取り組む姿勢が行政にはなかった。

表12　夜間の豪雨によるおもな災害

発生日	被災地	被害の状況
2003年７月20日	熊本県水俣市	未明から降り続いた雨により市東部や南部で土石流が発生し19人が死亡
2008年８月29日	愛知県岡崎市	未明に１時間146.5ミリの局地的豪雨となり２人が死亡、床上浸水1110棟
2009年８月９日	兵庫県佐用市	１時間に89ミリの豪雨で川があふれ、夜間の避難勧告で自宅を出た住民らが濁流にのまれて20人が死亡
2013年10月16日	伊豆大島（東京都大島町）	未明に土石流が多発し、死者・行方不明39人。町は避難勧告をしなかった

m．土砂災害防止法に基づく「警戒区域」「特別警戒区域」が指定されると、土地の資産価値下落に繋がるため、住民の反対があり、地域指定ができなかった。

n．土砂災害の警戒区域に指定するための調査に要する費用が嵩（かさ）むため、財政上、予算計上不足があった（調査費用は都道府県が負担しなくてはならない）。

(3)　今後の対応策

a．「土砂災害警戒区域」「特別警戒区域」指定を国の定めた基準に沿って指定すること。地形・地質の利用状況を調査した後、指定する。

b．30度以上の勾配がある急傾斜地や、土石流発生の恐れがある渓流の下流など、住民に危害が生じる恐れがある場合は「土砂災害警戒区域」に指定すること。

c．とくに危険性が高い場所を「特別警戒区域」として指定すること。

d．地域防災計画で警戒や避難の体制を整備し、区域内の住民にはハザードマップを配り、危険性について周知すること。

e．特別警戒区域で宅地開発をする場合、崩落を防止するために、崖の補強工事を行うなどし、都道府県の許可を得ること。

f．住民が自宅を新築、増改築する場合、山側の壁面を厚くするなど、建物が被害を防いだり、軽減したりするような構造であるように、自治体の建築確認を受けること。

g．都道府県は、著しく危険と判断した場合には「移転勧告」を行うこと。なおこの場合、住宅金融支援機構の融資を受けることができる。

h．住民は、危険から目を背けないことが、自分や家族の命を守る第一歩であることを自覚し、行動すること。

i．明日は我が身と思って前兆現象に注意し、事情が許すなら、転居も検討すること。

j．泥水を排出するために、水路の新設も一策である。

k．行政は砂防ダムを設置すること。ダムが設置されていない区域でも住宅建築を禁止するなど、被害防止策を取ること。

l．工事費を抑えた「減災ダム」も検討すること。

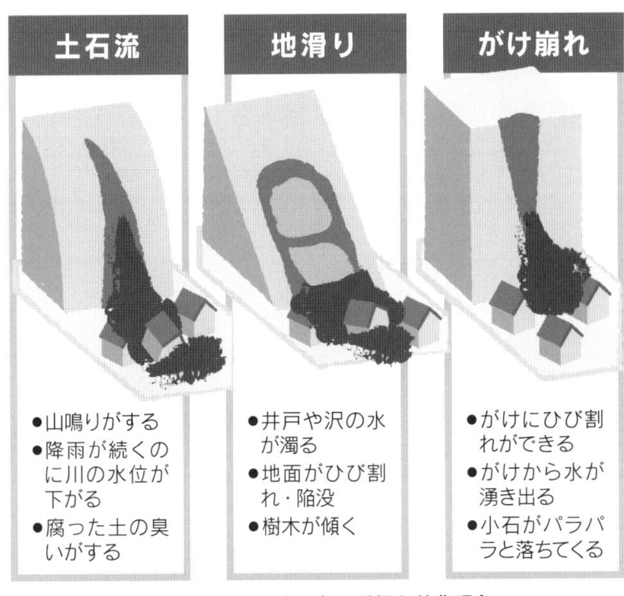

図10 おもな土砂災害の種類と前兆現象

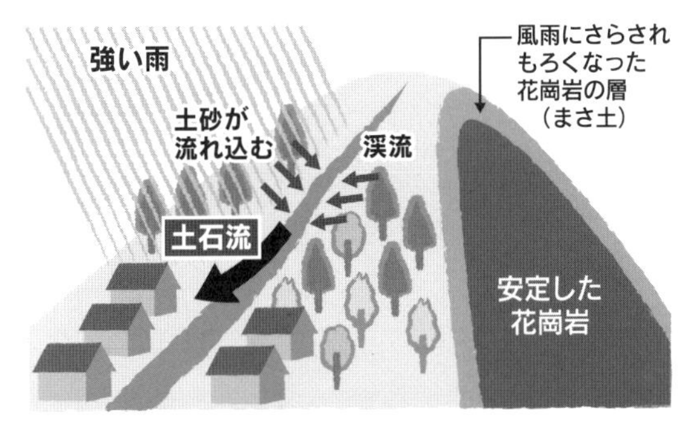

図11 今回の土石流が発生した仕組み

表13　土砂災害から身を守るためのポイント

雨が降り出したら	気象庁や各都道府県砂防課などのホームページ、テレビやラジオの気象情報で土砂災害警戒情報に注意する
前兆現象に注意	土石流の場合 ▽山鳴りがする ▽腐った土の臭いがする ▽降雨が続くのに川の水位が下がる　―など
避難場所への避難が困難なとき	近くの頑丈な建物の2階以上に緊急避難する。それもできなければ、がけから離れた部屋や2階など、家の中でより安全な場所に避難する

表14　避難情報の種類

避難情報の種類	住民に求められる行動
避難準備情報	非常用の持ち出し品の用意や避難準備を始める
避難勧告	指示された避難場所などへの避難行動を始める
避難指示	即時に確実な避難行動をとる。避難できていない住民は命を守る最低限の行動をとる

表15　大雨時の気象情報の発表と利用の方法（気象庁の資料より）

雨の状況と時期	気象台が発表する気象情報	住民の行動
約1日前 （大雨の可能性が高くなる）	大雨に関する気象情報	気象情報に気をつける
半日～数時間前 （大雨が始まる）	大雨注意報	テレビやラジオから最新の気象情報を入手
強さを増す	気象情報 （雨の状況や予想）	窓や雨戸など屋外の点検、避難場所の確認
数時間～1、2時間前	大雨警報	避難の準備、危険な場所に近づかない
大雨が一層激しくなる	気象情報 （変化する大雨の状況）	避難場所へすぐに避難
被害の拡大が懸念	土砂災害警戒情報	

(4)　対応すべき国際規格

ISO14001

4.1 組織及びその状況の理解

4.2 利害関係者のニーズ及び期待の理解

5.1 リーダーシップ及びコミットメント
5.3 組織の役割、責任及び権限
6.1脅威及び機会に関連するリスクへの取り組み
6.1.2 著しい環境側面　6.1.3 順守義務
6.1.4 脅威及び機会に関連するリスク　7.1 資源　7.2 力量
7.3 認識　7.4 内部コミュニケーション
7.5 外部コミュニケーション
7.5.3 文書化した情報の管理　8.2 緊急事態への準備及び対応
9.1.2 順守評価　9.2 内部監査　9.3 マネジメントレビュー
10.1 不適合及び是正処置　10.2 継続的改善

⑸　教訓

ａ．過去の教訓忘れてならぬ
ｂ．より大切なのは資産より人の命
ｃ．地の利は人に、和に如かず　ｄ．一利一害曖昧模糊
ｅ．苦肉の策と即決即断、長の役　ｆ．後塵を拝す
ｇ．許してならず、被害便乗

第2章

人は宝、人は財産

１、困難な立ち退き交渉を解決（私の知人Ｔ氏の体験談から）

(1) 背景

ａ．立地条件は申し分ない。だが、しかし…

交通網、学校、病院、神社仏閣、ショッピング、図書館など、住居とするなら申し分ない場所。そこに竹藪と手入れが全くされていない広大な敷地。

敷地の一部及び、敷地に隣接する場所にまたがり、木造２階建のアパートがある。アパートは30世帯が住める部屋があるものの、目下住んでいるのは１階に１世帯。といっても60歳前後の夫婦２人。２階には一見強面の30歳前後の大柄な男性１人が居住。

ｂ．マンション建設の設計開発依頼

分譲マンションを専門とする会社のＳ社長は、道路に接する部分（幅）225m、奥行214m、敷地面積48,150㎡の申し分ない用地に目をつけ、私の知人Ｔ氏の経営する綜合建設コンサルタント会社にマンション建設の相談に来られた。そして住民交渉を含めた宅地造成測量調査の設計開発を一括依頼（1977年当時の話）。

住民交渉には、一般的に行われる近隣住民などの説明会（いわゆる地元説明会）、隣接（りんせつ）土地所有者立会がある。ここで一番難儀（なんぎ）なのは、木造２階建てアパートを所有する人（場合によっては会社）との交渉である。

「測量、地質調査、騒音、振動などの環境アセスメント、設計開発、申請」といった一連の業務は、技術者集団であるＴ氏の経営する綜合建設コンサルタント会社で十分対応可能な案件であった。

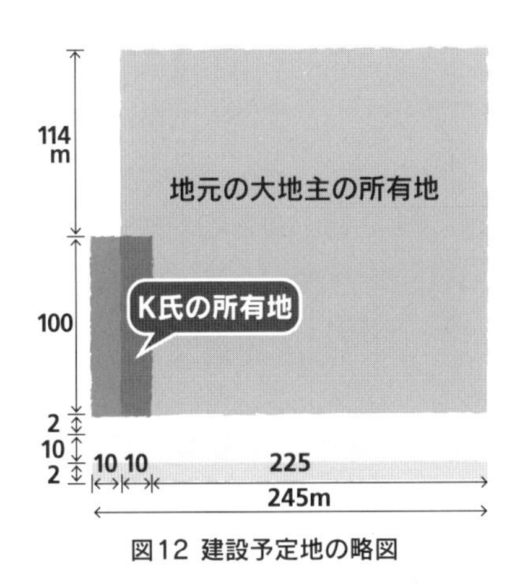

図12 建設予定地の略図

ｃ．既存の土地所有者は親分

敷地の一部買収及び木造２階建てアパート立退（たちの）きの交渉が今度の委託業務では一番の難関。設計等の総括担当者が法務局の不動産登記簿で所有者を調べる。そしてここからがＴ社長の出番である。

建設予定地の大半の敷地は地元の大地主が所有している。所有者の自宅に訪問して面談してみると、その大地主はＴ氏の出身中学校の１年後輩であったことが判明。Ｔ氏はＳ社長に同行して事情説明を行ったところ、売却の快諾が得られた。

さて難関は、この大地主の土地に隣接して土地建物を所有するのが、その筋の方であったこと。交渉に行くに際し、Ｓ社長はもとよりＳ社の社員、綜合建設コンサルタント会社の担当者も恐れをなし、相手の事務所兼自宅（自宅は３階）に交渉に行くことを拒むばかりだった。

ｄ．親分と交渉成立

Ｔ社長は運転免許を持っていないので、当業務の総括技術者（一級建設士）の運転により、電話に出た組事務所の人物（交渉成立後にわかったのだが、ナンバーワンの人物）が指定した日時に訪問。

事務所前に到着したときに、運転してきた担当の技術者は顔面蒼白。ぶるぶると体全身が震え、硬直状態。そして彼は「社長、私はこんなことまでするのだったら退職します」
「社長一人でここからは訪問してください」……などと発言する始末だった。

社長は、「わかった、退職なんて考えるな。ここからは私一人で行く。会社に戻って他の仕事をしていれば良いから」と、Ｔ社長は社員に手振りをして帰社するように促した。Ｔ社長は「安心せーよ。その筋であれ人の子。恐れなんて私は感じないから」と言い残し、たった一人で事務所のチャイムを鳴らす。

身長190㎝くらいだろうか、大柄な男性が扉の鎖をつけたまま応対した。Ｔ社長は用件を含め、名前を言い挨拶。扉が全開。２階の一番奥にいる親分の部屋に到着するまで、通路の両側に整然と立ち並ぶ黒づくめのスーツの男たち。人数を目で確認したところ、ざっと30〜40人ぐらいだった。

入り口にて大柄男がＴ社長の服装検査をする。背広や靴下などを手で触り、何か怪しいものを持っていないかとことん調べた挙句、苦笑いをしながら「これも役目でね。……さっさ、どうぞ２階へ」と言い、親分の前に行き、聴こえはしなかったが耳打ちをして、Ｔ社長の背後で直立不動の姿勢で立っている。そして大柄男の後ろにはもう一人、男が同様に直立不動の姿勢で立っている。

「よくもまぁ、たった一人で俺の事務所へ来たなぁ。そこのテーブル席の椅子にまぁ掛けてな!!」

いささかほっとしたが、何かこう強面のオーラがＴ社長にも伝わってきた。

「あらかたの用件はわこうとる。そこでだ、一体今日はナンボ持ってきたんだ？」

「素直に言えば、取引に応じることもあるが、俺に駆け引きは通用しないで!!」

Ｔ社長は、別段駆け引きしようなどという下心は最初からなかったので、「この書類に住所、氏名、捺印を願います。ついては契約書みたいな大層な書面ではなく、覚書としてあります。ここに100万円キャッシュで用意してます。いかがですか」と一気に喋る。

テーブルに書面と100万円を剝き出しにして置き、すぐさま床に頭をつけんばかりの姿勢で平伏。平伏していた時間は今想えば１〜２分であっただろうかとＴ社長。しかし、もっと長時間に思えたという。

「あっはっは……。参った。ええ度胸しとるわ。何の道具もなしで、しかもたった一人で俺の前までよくぞ来たな」

「こら!!　お前らもＴ社長を見習え。わしらの稼業といえども礼を尽くすありのままの姿の相手と接するところなどはよく学べ!!」と、親分は子分らに大声で言った後、「俺はおまはんが気に入った。おまはんの言う書類に住所、氏名、電話を書いて実印を捺す。100万円の中からすまんが10万円だけ貰うわ。残りの90万円は会社のために使うたりぃや」

このような場合、親分肌の人物には親分の言葉を尊重するのが、相手を気分良くさせるコツである。このコツはＴ社長が父親から昔習った覚えがあり、瞬時にそのことを思い出したという。

ｅ．親分と祇園に向かう道中

その親分は10万円を大柄の男に渡しながら、「少しばかり皆で一杯、これでやれ」「今から、例のお茶屋に連絡しとけ。あっ、そうだ綺麗(きれい)どころ、いつもの芸子、舞妓(まいこ)たちの手配もしといてもらえ」

「Ｔ社長、いや“Ｔちゃん”と呼ばしてんか。ほんま、Ｔちゃんが気に入ったよってに」

「少しばかり遠いけど、一緒に京都の祇園(ぎおん)でパアーと遊ぼやないか。あっ、それからこれからは俺のことを“親分呼ばわり”しないで……。そうだ“Ｋにい”とでも呼んでや。こりゃあ、永い付き合いになりそうや」

Ｔ社長は一瞬考えたが、「まあいいや、これも人生だ」と思い、一緒に行くことにした。なぜかしらびくびくしたりといった恐怖感は一切なく、タクシーに同乗した（用心棒のためか何かわからないが、大柄男と２人の子分が同じくタクシーに乗って付いてくる）。

「親分、いやＫにい、歳はいくつですか」

「俺の歳見事に当てたら100万円あげるわ“Ｔちゃん”」

葉巻をプカプカふかしながらＫにいはウソかホントか、いやジョークで言っているのかどうかさっぱりわからない。
「そうだなあ…。私より10は若い、しかしちょっと考えさせてください……」
「一見若く、しかしながら貫禄から見ると、もしかして“同い年”ですか」
　組事務所で生年月日、出生地、学歴、職歴、そして家族構成、親兄弟のことなどすべて書面にして渡していたので、こちらのことは親分にはバレている。
「えっ！　一緒や“Ｔちゃん”と同い年や。不思議な縁やな」
「じゃあ、こうしましょう。“親分さん”、いや“Ｋにい”の呼び方は今後はしないで、願わくば“Ｋちゃん”“Ｔちゃん”と呼び合いましょう。いかがですか？」
「そう、それがいい。親しみがあって、しかも響きがすっごくいい。それでいこか」
　さて、今晩は高くつくなあ……。手渡した残りの90万円は一晩でパーや。引っかかったかな？　でもまあいいや、どっちみち発注委託のオーナーから預ったお金だ。そう考えることによって、気も楽。空元気、いや、自棄(やけ)っぱち。どうにでも、なるようになれ……、とＴ社長は心の中で呟いた。

ｆ．京都祇園先斗町で豪遊!!

　祇園精舎(しょうじゃ)の鐘の声、諸行無常(しょぎょうむじょう)の響きあり……月はおぼろに東山……祇園恋しやだらりの帯よ。祇園小唄に合わせて舞妓が舞う。この風景は京都花街独特のおなじみの成り行き。
　舞妓ならではの帯の締め方は“だらりの帯”のその文句が代名詞といえよう。その艶(あで)やかな光景は、京都西陣織の帯が足元まで垂れ下がるように着付けているからだ。立つと後ろ姿はなんとも愛らしく、舞えば帯は艶やかに弧を描く。座敷と共に芸妓らと鴨川の川床で夕涼み（一軒のお茶屋を独占することにより、芸妓から世の中の最新情報や政治の話の裏側など知ることも可能）は高価なようだがその価値は十分にある。

祇園甲部の「都をどり」は1872（明治５）年から今も続いている。祇園甲部、宮川町、上七軒（かみしちけん）、祇園東、先斗町（ぽんとちょう）の５箇所があり芸妓はそれぞれが所属している。最近ではお茶席に外国人を迎えるように椅子に座る「立礼式」のお点前（てまえ）をし、近代化方式もあるが、やはり、「一軒のお茶屋買い切りの遊び方が一番」だと、この街を常時使ういわゆる“常連さん”は好んで競いあうように利用するのが習わしである。

Ｋ氏が常時使う一流処で、一行は「豪遊」としゃれこむ。床の間を背にＴ社長を招き、左側にＫ氏と大柄男、右側に子分２人が座り、お茶屋の御上さんに続き、芸妓と舞妓、三味、太鼓と総勢10人。Ｋ氏は相変わらず葉巻をプカプカと吹かしている。少しは食べるのだが、何といっても酒の飲み方が豪快。Ｔ社長は“Ｋちゃん”の目線を見ていると、右のホッペに泣き黒子のある舞妓がお気に入りのようだ。

一方、Ｔ社長はどこかで見覚えのある顔だと思い、三味線弾きの女性のことをじっと見ていると思いだした。中学３年生のころ、兄の使いで付け届け（金銭）をしていたときに見知っている女性だ。相手の女性もちらちらとＴ社長のことを見ている。

Ｔ社長は小便に行くふりをして、三味線弾きの女性に、厠（かわや）を案内してもらう。もちろん知らない素振りで。そしてポケット内の紙切れに、兄は交通事故で亡くなったことを書いて伝えると、驚き、一筋の涙!!

「親分さんや他の人にはこのことを決して言わないでほしい」と伝え、何事もなかったふりして座敷に戻った。

ほぼ１時間半ほどこの座敷で遊んだところで、“Kちゃん”が「このくらいでお開きとしよう。お前ら３人、それから皆さん方も帰んな」

「おおっと“Tちゃん”はそのまま残ってや。今からもう一軒、わしに付き合ってほしいんや……」

「ここの銭はわしが支払う」（実際は後払い。「祇園の世界では一元さんお断り」とともに、その場では常連さんは支払う必要がない仕来たりだ）

「“Tちゃん”、永い付き合いをわしとしてほしい。来る道中で言ったと思うが、何かしら“Tちゃん”は同い年とは思えない。むしろ、わしから言わしてもろうたら、先生や。いや、わしにとっては師匠にふさわしい人物と見た。“Tちゃん”の力になることならわしは身を犠牲にして働きたい」

「Kちゃん、今日、ほんの数時間前に知り合ったばかりで、本当の私のことを知らないからそんなふうに思うのですよ。そんな大袈裟なことを言わない方が良いと思うが、それでも承知のうえなら永くお付き合いさせてもらいます」

g．京都一大きな一流クラブでまたまた豪遊!!

前もって連絡してあったのか、店に入ると、マスターを始め、ボーイ、女性たちがこぞってたった３人のお客さんを帰らせ、K氏とT社長の２人きりとなった。ざっと見渡すと、50人ほどが働いている様子。

「なーに、この店はわしが仕切っとる店やから、働いとる連中はわしの一言で何でも応じるんや」「“Tちゃん”気にせんといて」

一同、それなりに揃ったので、ビールで乾杯！　乾杯はＫ氏の仕切りで行う。乾杯のあと、Ｔ社長はＫ氏を“組長”と呼ぶと、
「組長はやめといてや、“Ｔちゃん”いや師匠、いやいや先生、そうだ人前では先生と呼ぶことにわしはたった今決断した」
「先生、永久のお付き合い、店の者も同様によろしくお願いします（一同が立って一勢に礼）」
「ところで、先生、先程の座敷に泣き黒子の舞妓おったやろ、あの妓わし一番の好みや」
たわいない話が一段落したころに、「お歌を１曲お願いします。選曲が決まれば、その歌に相応しいバンドを用意します」
店長自らＴ社長の所に来てひざまずく。
「それじゃ、Ｋちゃんと一諸に〈青春時代〉を歌います」
Ｋ氏も乗りに乗り、ステージにスポットライトが当てられ、ＫちゃんＴちゃんコンビは、肩を組み交わし熱唱。50人ほどの男女が一斉に拍手！！

Ｔ社長はトイレに行くふりをして、レジで「ぼちぼちお開きとしたいので、今日の勘定してんか。初めて来たので、現金で払います……」と、“Ｋちゃん”に聞こえない程度に呟いた。
「それは応じる訳にはまいりません。組長にこっぴどく叱られますから、ご勘弁ください」
それはそうだ、Ｋちゃん、Ｔちゃんとして付き合うには、ここはＫちゃんの顔を立てなきゃ。彼にも面子ってものがある。逆の立場を考えてみるとその理は通っているように思った。いずれにせよこの店ではたわいのない会話をし、飲み、歌い、踊り、挙げ句の果ては花札遊び……と、遊びほうけた。

Ｔ社長は相当な酔いとともに疲れがドッと出て、一刻も早く帰宅したいと思った。別れを言って、手配されたタクシーで家に着いたのは午前３時ごろ。それでも朝はいつもどおり起床し、会社から迎えに来た車に乗って出社。

契約（覚書）書の合意と今後の仕事の進め方を関係技術者に指示。すぐさま、分譲マンション建設のＳ社を訪問。社長は大変喜ばれ、万々歳！！

⑵　原因

ａ．依頼人（顧客）を満足させること。そのためにはトップ自ら先頭に立ってモノゴトに対応すること。

ｂ．他人は見た目で判断してはならない。会って話せば、相手の心が見えてくる。

⑶　今後の対応策

ａ．何事も率先して、コトに対応する心得をもつこと。

ｂ．「誰かがやる」と思わず、「自分からやる」こと。

ｃ．「この世に起こったことは、この世で解決できる」ことを心得ること。

ｄ．「すぐにやる」「早くやる」「良いことをやる」……すべてがそうだ。

ｅ．コトの善し悪しは即決する習慣を常日頃から実行すること。

⑷　該当するISO国際規格

ISO9001

5.1 リーダーシップ及びコミットメント　7.1.6 組織の知識

7.2 力量　7.3 認識　7.4 コミュニケーション
8.3 製品及びサービスの設計・開発
9.1.2 顧客満足　10.3 継続的改善

⑸　教訓

ａ．やる気があればできること多い　ｂ．頭の中は空じゃない
ｃ．力量とは、他人をうまく育てるのも力量である
ｄ．他人の想いを叶えて嬉し　ｅ．潮時(しおどき)を見定め辞去(じきょ)す

２、Ｋ氏より仕事の依頼

⑴　背景

ａ．マンション建設に取りかかり、設計開発から約１ヵ月が過ぎたころ、Ｋ氏よりＴ社長の会社に電話が入った。
「○○組の組長だが、社長のＴちゃんに至急連絡したいことがあるので、今すぐ取り次いでほしい」
　少々かすれ声で、しかもどすを利(き)かせた声。その「声」と「○○組の組長」という言葉に、秘書は恐怖を感じたのであろう。社長秘書の女性は少し緊張した表情でＴ社長に取り次いだ。
　Ｔ社長としても、設計開発に関して快く合意してもらい、ともども心を開き、友達気分になり、逆に組長よりたいそうな振る舞いを受けた。しかし、やはりここで本性を現し、もしかしてお金の要求があるのかも……と思う。だが、取り次がれた電話に出ない訳にはいかない。外出中とか接客中などと言い訳をすれば、かえってまずい状況になるかもしれない。Ｔ社長は心

中穏やかではないものの、ここは覚悟を決めて電話に出た。
「お待たせして申し訳ありません。Ｔですが、どのようなご用件でしょうか……」と、一般のお客様に対するのと同様の言葉で応じる。
「Ｔちゃん、えらい他人行儀な応対やな。わしや、Ｋや。少々お願い事があって急なことですまんが、今日３時に例のホテルに来てくれへんか」
「どうしても駄目なら明日の夜でも結構やけど……。けど、やっぱり今日の方がええんやけどなぁ」
　ここで即答しなければ何を言い出すかわからない。
「わかった、ではいつものところへ今日３時きっかり着くようにします」
「またまた、他人行儀の表現……、やめてくれなあかんがな」
　Ｔ社長はそれには答えず、恐る恐る聞いてみる。
「ところで、行く前に一つ確かめたいことがあるんやけど、Ｋちゃん、良い話か悪い話かどちらでっか」と問うてみると、「あはは」と笑いながら、「Ｔちゃんにとっても、わしにとってもええ話やから、呼んでるんやで」
「そうでっか、じゃ、お伺いします」
b. この１ヵ月の間にお座敷での食事やクラブでの２次会などで２回ほど会っている。今でいうコミュニケーション、いや飲みニケーションだ。このうち１回はＴ社長の招待だ。あとの１回は、Ｋ氏がどうしても俺が払うからと言ってＴ社長は御馳走(ごちそう)になっている。
　また、その間に、Ｔ社長は一人で亡き兄が贔屓(ひいき)にしていた芸者に秘かに会い、亡き兄のことを話した。別の日には、昼食をともにしていると亡き兄のお墓にどうしても参りたいとの申し出を受け、それに応えて２人で墓参りをした。

このことは誰にも言わないでほしいとの申し出を受け、Ｔ社長は親戚はもとより誰にも言わずにいた。当然、Ｋ氏に対しても。

ｃ．指定されたホテルに約束の時間の20分前に到着。少し遅れてＫ氏は恰幅のいい大男を連れてやってきた。

「Ｔちゃん、もう少し待ってくれへんか。わしが面倒見ているクラブの女子とキャバレーの女子、和風料亭の女将といった女子衆３人が時間までに来ることになっているんや」

一番奥のソファーに女子衆３人を待つ３人の男。来客はこの時間帯にはあまりいないものの、ロビーに来る客のほとんどが３人を一瞥していた。

その筋独特の風貌、さらに奇しくも３人ともサングラスをかけていたので目立つのもいたしかたない。女子衆３人が来る約束の３時にはまだ５～６分あり、Ｋ氏は手持ちぶさたと何人もの来客が一瞥することに苛立つ様子。

「Ｋちゃん、落ち着いてくださいよ。我ら３人、サングラスをとって普通に、いや自然な感じで雑誌か新聞を読むなりして女子衆３人を待ちましょう。他のお客様と同じようにロビーでくつろぎましょう」

「それからもう一つ、足を大きく開くのはやめてください」

Ｔ社長の忠告を素直に聞き入れてくれた２人。

ｄ．「おまっとさん親分、今日は私らの無理を聞いてもらってうれしゅう思います」

「私ら３人、このホテルの最上階でお茶しておりましたんや」

「このお方が、親分がえろう尊敬してはるお人どすか……」

女子衆３人はそれぞれ勝手気ままに挨拶をした。

「おまえら、挨拶の前に10分も遅れたことを詫(わ)びんかえ。他人を待たしといて……。俺らはともかく先生に失礼じゃ」

女子衆３人は一言二言それぞれＴ氏に対して、というよりも、３人の男に深々と頭を下げて遅刻したことを詫びる。

総勢６人は、Ｋ氏の手下が予約していた会議室に向かう。さて、何が今から起きるのかＴ社長は心穏やかではない。

「いや、こんなこと考えていてもいまさらどうしようもない」と、Ｔ社長は心の中で自分に言い聞かす。

e．会議室に入る。大きな窓が正面に備えられている。街全体が見渡せる最高の場所。このホテルにこれほどまで贅沢な会議室があったとは、今まで何回も使っているホテルであったがＴ社長は全く知らなかった。部屋は相当広く、装飾(そうしょく)のすべてが使用する人々を十分満足させる。いわゆる貴賓室だ。

長方形のデスクを囲み、Ｋ氏、Ｔ氏の向かい側の椅子に女子衆３人が着席。大柄の男は入り口付近の椅子に離れて座っている。口火を切ったのは、Ｋちゃんこと組長。

「先生、今日はわれわれの都合に合わせて来てもらいありがとう。用件はいくつかあるが、とりあえず夜にはまだ時間があるのでコーヒーか紅茶かジュースでも頼んで飲みながら話しをしようか」

「あっ、その前に先生をお前らに紹介しなあかんなぁ」

「お前ら、めいめい先生に名刺を出して店の内容や規模を言いな。お京、お前からや」

Ｋ氏は、Ｔ社長のことをえらく誉め、一気に喋った。Ｔ氏のことは前もって話してあるらしいが再び話をした。女子衆３人は和服。いずれも相当お金をかけただろうと思われる、立派な和服姿だった。着こなしもさることながら、言葉遣(づか)いが上品。なかでも料亭の女将さんはことのほか流暢(りゅうちょう)な京言葉で話す。お京と呼ばれたのがその女将さんだった。

続いて、高級クラブを経営している陽子さんが話し、最後に当地で一番規模の大きいキャバレーのオーナーである夏美さんが語った。もともと経営者とかオーナーとか言ってはいるが、どうもＫ氏がスポンサーのように思えてならない。

３人の話す言葉に頷くＫ氏の姿勢から、Ｔ社長にはＫ氏が真のオーナーのように感じられた。

Ｋ氏は、「……ということ。どうぞ先生よろしゅうに。事の一切を任すよってに、彼女らの思いをなし遂げてやってくれへんか。こいつらの夢を先生の手で叶えとくれやす」

内容は、３箇所の店の大改装を一挙にやってほしいとの依頼であった。３箇所とも居抜きで買い取ってからほぼ２年が経っている。どうも以前のオーナーの魂(たましい)が残っているようで居心地が悪く、客層も良くないとのことだった。

「願いごとの主旨はよくわかりました。当社でお請(う)けしましょう」

「では、ここらでここは立ち去り、お京の店へ行き、その次にクラブ、最後にキャバレーと、３店をはしごしましょうか。先生、いやＴちゃんよろしゅうに」

ｆ.「ところでＴちゃんに一肌(ひとはだ)脱いでほしいことがあるんやけど、いつもわしにくっついているこの大男が解体工事専門にやっていることは以前に話したと思うが……例のマンション建設用地の建物解体を任してもらえるよう、施主さんに頼んでもらえへんやろか。この男は、わしらと違うて堅気（かたぎ）職人でそれなりの資格を持っているから安心してもらって大丈夫。施主はもとより、Ｔちゃんに一切迷惑はかけないし……ぜひ、頼むわ。おれの顔たてでくれへんか」

大男もぺこりと頭を下げ、会社の経歴書や有資格者証、取り扱い重機などの一覧表をＴ社長に渡す。開発許可証はあと１ヵ月もすれば行政から施主宛に届くだろう。

タイミングの良さにＴ社長も驚いた。この願いごとがＫちゃんの言いたかったことだと、ほっと安心。なぁんだ、こんな軽い頼みならOKだ。

「主旨はよくわかった。近日中に施主との打ち合わせがあるので、事情を説明し“三方良し（さんぼうよし）”にしてみせるわ。Ｋちゃん安心して待っといて」

g. 「Ｔちゃん、もう一つお願い。工事中のガードマン（誘導員）、わしに仕切らせてくれへんやろか。昨日、ガードマン専門にやっちょる野郎がわしんとこへ頼みに、組の事務所に菓子折り持ってきよったんや。これ以上は頼まへんよってに、ぜひとも施主さんに取り次いでほしいんや」

解体工事とガードマンの仕事、この程度なら施主となるＳ社長も納得するだろう。近隣や他の組の者が仮に施工中にイチャモンなどつけてきた場合を考えると、Ｋちゃんならうまくさばいてくれるだろう……。ここでは口に出さないが、施主にはうまく言えばきっと納得してくれるだろう、とＴ社長は思った。

h．純和風料亭（所要工事期間10ヵ月）、嬉嬉たる京子さん

敷地面積1,720㎡（約520坪）、前面道路約９ｍ、奥行22ｍ、間口8.5ｍ。いわゆる京風の昔ながらの建物で、道路に面してすぐに店の入り口がある。裏には平屋建ての古ぼけた蔵が１棟。蔵の横にはさまざまな料理道具や具材容器が散乱。店舗（てんぽ）そのものは延面積738㎡（約220坪）、築八十数年とのこと。３代目まで続いた老舗料亭といえども、４代目となるご子息は国家公務員になり、一人っ子で跡継ぎがいないとのこと。３代目も65歳となり、病弱なこともあって売りに出した。依頼主の京子さんが居抜きで買った物件がそれである。

女将さんの要望はすべてを建て直し、今の時代にふさわしい純和風の木造建てにしたい。１階を店舗とし、一部２階建てとして２階は従業員の宿舎３間と女将さん専用の居室および特別なお客様用に高級和室１室（15畳ほど）。店舗入り口は前面道路より４ｍほどセットバックして道路と店舗入り口の間をゆとりのある空間としたい。１階の客室は、最大50席を設けたい。裏にある古びた蔵は解体し、その横の空間もすべて取り除き、できれば坪庭を設けたい。木材は主として吉野材および北山材を使用してほしい。その他もろもろの要望が提示された。

この工事は、純和風建築工事の経験豊富な職人を確保することにポイントがある。幸い日本の高級料亭や庭園、茶室等を代々専門としている建築会社の２代目がＴ社長の大学の後輩にいる。この後輩の会社に担当してもらうべく交渉し、Ｔ氏の会社の建築部門長（１級建築士）には本工事の指揮を取らせることにした。もちろん、女将との打ち合わせは繰り返し行い、当初１年はかかるだろうと予定していた工期は10ヵ月で竣工した。

設計企画の打ち合わせには、お店側からは女将さんはもとより料理長、接客担当長、接客員など、総勢９人の人々の意見・要望などを十分に聞き、コンサルティング側は女将さんの意図と他の人々の働きやすさを理解してからデザインに入った。このため、構造設計等に着手するまでおおよそ２週間を要した。

しかし、この２週間は異例の短さである。なぜなら、日本人はもとより外国人のお客様にも容易に使っていただけることを考慮しなければならない。さまざまな備品・設備などの配置、テーブル・椅子の座り心地、照明設備、厨房、化粧、トイレ……等々、デザインは設計企画の入り口であり、ここを十分に詰めることが重要である。その一方で、一日でも早くオープンしたいとの女将さんの想いを叶えるために、昼夜を問わず業務を進めた。その結果、デザインから設計まで普通なら少なくとも１ヵ月は要するところを２週間で完成させたのである。これが異例といえるゆえんである。

解体、整地および測量、オーガーボーリング、近隣同意、建築許可等も並行して進め、許可がおりると同時に施工し、竣工引き渡しと相成った。言うまでもなく「地鎮祭」「上棟式」も行う。その際にはＫ氏にも出席してもらった。Ｔ氏の会社の契約金は３億9,000万円。着手時、上棟式時、竣工引き渡し時に３等分にして現金振り込みで受け取ったという。

１週間後に２階に設けた特別のお客様部屋（貴賓室）で女将さんを中心に他の姉御２人、Ｋ氏と大男、設計、施工に携わった主たる人々で祝杯!!

「正直なところ、このような立派な料亭の設計施工をさせていただけたのは、偏に女将さんとＫちゃんのお陰です。私に任せてくださったことに感謝します。この経験を生かし、料亭関連の仕事を今後もやらせていただきます。本当にありがとう」

Ｔ社長は感無量!!

「こちらこそ、大変立派な料亭を造っていただき、私ども全員感激しています。誠にありがとうございました」

女将さんから感謝の言葉とともに、感謝状と金一封を受け取る。あとでこっそり中身を見ると、なんと100万円が入っていたという。

「やっぱり、わしの目に狂いはなかった。さすが先生……いや、Ｔちゃんはすごい!!」

「正直なところ、これほどの高級料亭の設計施工をさせていただいたのは、私ども実は初めてだったので、施工時は毎日朝と夕方に必ず現場に行き進捗状況を確認していました。クラブやキャバレーなど一般の店舗は過去にも企画設計施工の実績があり、また注文戸建住宅やごく一般の店舗の新設・改装には自信があります。建設コンサルタント会社のほか、建築施工会社、不動産管理会社、地質測量専門会社、先端技術研究開発会社を経営しておりますので、今後ともどうぞご御贔屓(ひいき)のほどよろしくお願い申し上げます。本日は本当にありがとうございました」

約２時間の祝賀会はＴ社長の挨拶で締めとなるものの、Ｋ氏の音頭で一本締めにて終宴。

ｉ．純和風料亭オープン

中１日置いて、いよいよオープン。料亭オープンに備えてかねてよりＴ氏の会社で準備していた向こう三軒両隣りへのご招待券10枚（１枚２万円）を配る。同時に会社の女子社員３人を和服姿で立たせ、オープンしたことを示すビラを近郊の方々や通行人に手渡す。これには女将さんもびっくり仰天!!　ビラ配りは都合10回、不定期ではあるが続けた。これは女将さんからの依頼でもなんでもない。Ｔ社長のアイデアである。その後、お店は大繁盛であった。“播かぬ種は生えぬ”はＴ社長の口癖であり、客が客を呼ぶことを知り尽くしているからできることである。

ｊ．高級クラブ大改装、陽子さんの夢叶う

「ずいぶんと使い熟(こな)した様子ですね。フロア、壁面、天井、テーブル、椅子などはもとより、ほかの設備も一通り見ましたが、使えるものはほとんど見当たりません」

「居抜きとはいえごらんの通りだったので格安でした。もとより再利用可能なものは皆無だと思っております。全面的に改装していただいて結構です」

クラブ経営のママは当然だと言い切る。

「しかし、当方で改装するにはかなりの金額が必要ですが……。今日頂戴しました既存図面を参考に寸法取りなどをさせていただき、４～５日のうちに見積書を持参します。前もって電話を入れますので、今後のスケジュールを詰めたいと思います。契約書も持参することでよろしいでしょうか」

「あっ、それから施工はほかのテナントの営業時間は極力避けて行いますが、着工前には当社の社員も連れてまいりますので、各テナントおよび両サイドのビル所有者などにもご挨拶をしておこうと存じます。同行のほどよろしくお願いします」

５日後、初めて会ったホテルのロビーで待ち合せ、同ホテルの喫茶ルームで小半時（30分）雑談したあと、一連の説明をする。

店舗内取り壊しの作業を含め、近隣の高級クラブに負けない空間を創り出したいことを事細かく説明。その後、工期および工費内訳を説明。

本通りに面するこの場所にふさわしい高級度を保つことが重要である。この地域は“本通り、中通り、上通り”の３筋で夜の商売が行われ、本通りが一番の高級街で、中通りはその名の通り中クラス、上通りは中通りより少々安い店が多い。“昨夜は本通りで接客をした”と言えば、当地域をよく知る人ならば、羨望のまなざしで相手を評価するのが一般的である。

したがって、店舗デザイナーとしては、高級感を出し切るのが腕の見せどころであると同時に、いかに短期間で仕上げるかも大切である。

幸い、Ｔ社長は建設コンサルタント業界では異例かもしれないが、Ｔ社長自身が全額出資の店舗と注文住宅専門の会社を経営しており、かなりの数の施工実績がある。このビルは５階建てで１階は花屋。２階から５階まで大小のクラブが入居している。クラブ経営のママさんが居抜きで買ったクラブは５階にある。５階のみがワンフロアーとなっている。

２階、３階、４階は中廊下を有し、両サイドおよび一番奥（正面）に３～５の店舗がある。いずれも“○○クラブ”とか“クラブ△△”などの看板が道路に面した場所と各店の入り口に表示されているのは言うまでもない。エレベーターは２基のみ。通常階段と避難階段もあり、消火設備関係も大丈夫である。

工期は取り壊し２日、大改装２週間、予備日４日間で都合20日間が現場施工。調度品等の外部作業は多少厳しいが、おなじく20日間として都合40日間。意匠設計を含め店舗設計は10日間。いずれも突貫業務であるものの、店舗の設計施工に慣れているエンジニアだと苦にもせず取り組むことができる。

総費用は企画設計を含め１億6,000万円で合意。着手金5,000

万円、中間金5,000万円、竣工引き渡し時に残りの6,000万円を銀行振込とし契約成立。
「先生、もし可能ならば私の誕生日にオープンしたいとかねがね想い描いています。私の想いを叶えていただけませんか。どうぞよろしゅうに」
「ママの誕生日は、何日ですか」
「生年月日を全部言うてしもたら歳がばれるから、月日だけで言います。５月18日です」
「えっ、５月18日ですって!!　私と同じ月日ですね」Ｔ社長は驚く。
「うわぁ……先生と同じ月日やなんて、私、光栄や。先生にお目にかかれて私、夢のようやわ」
　まるで乙女のように悦ぶママ。眼もとがかすかに潤んでいるのが見えた。
　工期を逆算すると３日間縮めることによってママの夢を叶えてあげることが可能。さっそく、設計施工や調度品担当や、ガス・水道・電気・電話・下水・有線などの手配と同時に業務に取り組む。
　結果的に竣工引き渡しは５月17日。つまり、さらに１日早く出来上がり、ママの願いを夢に終わらせずに実現できた。
　５月18日はママの誕生祝いを兼ねた竣工オープン祝賀会が催された。出席者は、高級料亭の女将さんと女将さんの旦那さん一家、そしてキャバレーのオーナーを目指す女子さん、Ｋ氏およびＫ氏の関係筋10人ほどとＴ社長および設計施工のエンジニア数名、当ビルに入居している各店舗のオーナーまたは代理の方々を含めた総勢59名。賑やかな門出の祝賀会だった。

Ｔ社長はこの祝賀会にマンション建設のオーナーＳ社長も誘い、Ｋ氏の推薦、いや要望に応えるべく警備保障会社および解体工事会社のそれぞれの社長を引き合わせた。

オーナーは「解体工事会社さんに、竹藪の伐採ならびに更地を含めて請負ってほしい。ついては、それぞれの見積をＴ社長の事務所経由で私どもに提出してほしい。そして、請負契約の締結をＴ社長の事務所で行いたい。なお請負契約書には、あくまで形式上ですが、Ｔ社長には互いの推薦人として記名捺印もしていただきたい」とのことであった。契約成立である。

Ｋ氏もおおいに感激!!　この終宴に際してもＫ氏の音頭で一本締め。めでたしめでたし。

ｋ．キャバレー経営希望だが、賃貸マンションのオーナーとなった夏美さん

夏美さんは、父の死亡により相続税の税引き後、約55億円もの遺産を受けた。亡き父は運送業を主として経営されていた。ちょうど大阪万博に向かって関西の地価は高騰（こうとう）。儲けたお金で土地や建物を買収し賃貸物件としてさらなる利益を得ていた。

一方、運送業も超多忙で社長自ら運転し全国を走るありさま。その頃、社長は65歳だった。過労がたたり居眠り運転をしていたのだろう。緩やかなカーブのあった高速道路上で前方から走ってきた大型トラックが突っ込んできたのを避けようとして、ハンドルの切り損ないとアクセルとブレーキの操作ミスなどにより車もろとも横転。病院に運ばれたものの、あの世の人となられた。万一に備えて３億円の生命保険もかけていて、保険会社の査定により2.5億円の保険金も受け取った。

夏美さんは一人っ子で母親はすでに３年前に死亡されていた

ので、すべての遺産を相続したとのこと。

夏美さんはＫ氏との出会いを語った。

父とＫ氏は、小中学校の同級生で町内はもとより周辺の町々にも知れわたっていたくらいの餓鬼（がき）大将。少しばかりのいたずらはするものの、弱い者苛（いじ）めはほとんどしない。いわば、弱きを助け、弱い者苛めをする相手をとことん叩き落とすタイプ。そのためか地域の生徒からはむしろ親しまれていたとのこと。

夏美さんが大人になったとき、「何か面倒なことや困った出来事があったら、○○組の組長（Ｋ氏のこと）に相談したら、きっと手助けてくれるだろう」と父から聞かされていた。

「そうなんだ、そういう接点があったのだ」とＴ社長は心の中で呟（つぶや）く。

もとより歌やダンスや演劇が大好きだった夏美さんは、宝塚歌劇団に入団するものの、稽古（けいこ）の際、演劇において必要不可欠な台詞（せりふ）をうまく覚えることができず、途中で退団。しかしながら、歌とダンスには自信があったのでキャバレーで舞台に出て、お客様におおいにもてていた。

ところが16年間も歌って踊っていたそのキャバレーが突如閉鎖され、競売物件となった。閉鎖の経緯を知ったところで何の役にもたたない。そこで、亡き父に言われたことを思い出し、Ｋちゃんを訪ねて今までの経緯（いきさつ）を述べ、競売物件となったキャバレーを自分が落札してキャバレーの経営者となり、自分自身ももう一度舞台に立ち、夢を叶えたい旨を相談。

「おおぅわかった。夢を叶えたろやないか。ところで金はあるやろうな」

「十分かどうかはよくわかりませんけど、現金・普通預金・定期預金など全部で55億円ほど資金としてあります。でも今は無職なので収入がなく、しばらくの生活費やなんやかやで、入り用のお金を手元に５億円ほどは持っておきたいよってに、総額50億円でなんとかお願いします」

深々と頭を下げる夏美さん。その姿勢にＫ氏は感動したとのこと。

競売物件落札

総敷地面積67,000㎡でほぼ正方形の地形。建物は吹き抜けで２階建て。通常、更地（さらち）の場合なら、既存建物のある場合より高い金額となる。入札のために締切日時ぎりぎりにＫ氏とＴ社長と大柄な男の３人が裁判所に行き、相談の結果、Ｔ社長が入札箱に投函（とうかん）。予納金は当然支払うことになる。Ｔ社長以外の２人は１階の待ち合いコーナーで待機し、２階の入札コーナーにはＴ社長一人で応札した。

待つこと約30分。担当者が３人を手招きする。入札の結果、当方が落札との報告を受けた。あくまで参考にしたいと断わり、「他者は何人の方々が応札されましたか？」とＴ社長が尋（たず）ねてみる。担当者は上司に何かしら小声で相談した後、しばらくするとこちらに戻ってきた。担当者はカウンター越しに、「通常、応札状況を教えないのが建前ですが……」と言いながら、Ｔ社長の耳もとで「貴方、一人でした」と小声で言った。

競争相手がいるものと考え、最低制限価格の約1.7倍に相当する11億3,900万円を入札様式に記入した。落札したものの何か複雑。しかし、夏美さんの夢への第一歩。仕方がない、ほかに応札者がいなかったことは誰にも言わなかった。

「結果良ければすべて良し」

「おっ、でかした。さすがＴちゃん!!　頭脳明晰とはＴちゃんのことや」

Ｋ氏はわがことのように喜んでいた。

応札には、Ｔ氏が経営する不動産会社の名前で投函した。本来ならば手数料として３％を戴くのが常識だが、１％相当の1,100万円をいったん受け取り、その中から700万円をＫ氏に、夏美さんにお祝いとして300万円を渡し、Ｔ社長は100万円のみ受け取る。“商売は三方良し”とすることが大事だからだ。

「先生、おおきに。これほどまでに面倒見てもらって本当、私たちいいお人に出会って幸せどす」夏美さんの眼はうるんでいた。

10日ほどたった夕方、Ｔ社長のもとに夏美さんから電話があり、「今からいつもの待ち合せのホテルに行きますよってに、先生お一人で来てくれませんか……」

何かしら急ぎの様子。ホテルで夕食をともにしながら、用件を聞く。

「私、よくよく考えたところ、自分のことばかり夢を追い求めていることに気づき、父母やご先祖のことも考えずに、まるで暴走族みたいで恥ずかしい。人間ってやがては老いて死んでいく……。これや、あれやと考えた末、キャバレーのオーナーになることを辞めて、分譲か賃貸のマンションを建て、１階の一部にブティックを経営したいと思います。先生、どないどっしゃろ」

「実のところ、私もそれらしきことを提案しようと思っておったところです」

「嬉しい。先生って他人の心を読む力もあるんやね。どうぞよろしゅうお願いします」

　結局、キャバレーはやめ、主に分譲マンションとして建築することになった。

　一応、Ｔ社長はＫ氏にもその旨を説明したところ、「夏美がそういう願いならそれでええやろ。とやかく周りの者が言う必要はないと思うが、Ｔちゃんどないや？　とにかく夏美の夢を満足にさせてやろうやないか……なぁ、Ｔちゃん」

　えらい素直（すなお）に言うＫ氏。最初に会ったときから比べると、ずいぶんと一般の人のものの考え方に近くなったようにＴ社長には思えた。同時になにか思案する姿が見られる。将来のことを考えている様子。

　既存建物をとりあえず一日も早く壊し、更地にしたい。以前、Ｋ氏が使ってほしいといった解体業者に相談し、快く請け負ってもらった。ただし、短期決戦で仕事を進めてもらうために、地元の解体業者とＫ氏の組員の若い衆の中から希望する者６人を含め、総勢29人をもって構成。諸届けや近隣への挨拶は大事なので、Ｔ社長は夏美さんを伴い、解体業の親方とともに周辺の住民や店舗・ビルのオーナーのところへ簡単な手土産を携え、迷惑をかけることもあろうかと思い、一軒一軒訪問して挨拶をした。

　工事で大切なのは近隣の協力、通行人への配慮とともに働く人々の労働安全衛生を守ることである。これらの説明には、多少くどいようだったが、Ｔ社長が中心となって近隣の方々対象の説明会とともに、工事関係者一同に集まってもらい、３度行った。同様にＴ社長は工事内容の説明と安全管理についての指導を行う。Ｋ氏の組員６人に対しては、言葉遣いと補助的業務（たとえば、粉塵散乱防止のための散水や通行人の誘導役などの業務）の説明を行った。

一方、設計ではＴ氏の会社の建築部長をリーダーに提案設計制度を導入し、大手ゼネコンを含めてもっともユニークな内容を提案したＭ社（当時、上場していない）のアイデアを採用。

Ｍ社の提案の仕方を一部述べる。近隣調査の結果をもとに“郵便ポストがない”“金融機関がない”“派出所がない”、それに加えて“斬新（近代的）なブティックがない”などを考慮に入れて、建物本体をセットバックすることにより、最大18階建の分譲マンションが建設可能とのこと。

地元の金融機関に働きかけて、１階の一部に出店してもらうこと。郵便局には交渉済であるので、郵便ポスト設置はすでに内定済。その横に、施主である夏美さんの夢の一部、ブティックを設けることを提案書としてまとめ、概算とはいいながら設計図面と工事費と工程表も添えてある。ほかの業者とは比べものにならないアイデア満載に、夏美さんはもとよりＴ社長も納得。よってＭ社に設計施工を依頼する運びとなった。

かたや更地になった時点で、“境界確定・測量・地質調査”に関しては、Ｔ社長の会社が直ちに行い、すでに決定している工務店にそれらのデータを渡して設計に使ってもらう。施工管理は、Ｔ社長の会社が総監督。現場事務所として３階建てのプレハブを設け、総監督室・合同会議室・設計施工会社の室をすべて２階にし、日常管理態勢を徹底的に実施。１階は小道具管理室と従業員の休憩室などとした。事務所前には業務体系図、緊急連絡表、全体の工程表と進渉状況表および担当する人々の有資格名簿、建築確認書などを掲示。

当然ながら簡易トイレ、手洗い、防火用水、消火器、分別式ゴミ入れ（コンテナ）も設置。毎朝、朝礼を行い、新規入場者教育も怠(おこた)ることなく実施することをＴ社長は要求した。ベランダ兼バルコニーの総平均面積が１戸当たり25㎡もあるのも、他のマンションとの差別化を示している。

地鎮祭(じちんさい)は、近隣の神社に依頼。関係者一同が参列し、安全祈願を行う。地鎮祭の段取りや後始末などはＭ社の現場所長に任せた。鍬(くわ)入れの儀式(ぎしき)も神主の指導のもと、夏美さんを始め現場所長とＴ社長が行った。２階から16階までを分譲マンションとし、３LDK（145㎡）を主に最大は５LDK（330㎡）、最小でも２LDK（120㎡）の３タイプにし、それぞれ入居希望者の希望を取り入れて内部設計を行った。

分譲マンション入居者には専用エレベーターを４基設置。また、17階には入居者や近隣の方にも使っていただける会員制の貴賓室を設け、憩いの部屋として活用。その一部にＴ社長専用のオフィス50㎡も夏美さんの希望で設けられた。すべてオートロック式。管理室は当然ながら１階に設けられた。最上階の18階は、夏美さんの住居とともに、全面ガラス張りでダンスや歌が可能なブースを設置。18階専用のエレベーターは、安全管理を要望する夏美さんの思いを実現したスペースだ。その結果、エレベーターは都合７基となり、ほかに類を見ない施設となった。

２～16階の分譲マンションは総戸数505室。１階には受付カウンターも設け、常時２名が勤務。清掃員10名は土・日・祭日を除き、共有部分を始め駐車場・植栽部分などのすべてを毎日清掃。バリアフリーを意識し、高齢者にも使い勝手のよい施設とした。各戸のベランダには、洗濯物の物干しなど通常使用する部分とは別に、家庭菜園や花壇、あるいはデッキとして使えるブースも設けた。

17階の貴賓室からは、大阪・神戸・淡路島・四国の一部も眺めることができる。望遠鏡２基も設置してある。駐車場は総戸数505室に相当する520台分と、あまりの15台分は来客用のために設けられている。

近くの空いている事務所を借り、入居者募集を開始する。まだ基礎杭を打っている段階ではあるものの、事務所オープンからわずか７日間で満室となる。これには夏美さんはもとよりＴ社長も驚いた。事務所にはＴ社長の経営する不動産会社の職員５人と司法書士、出店予約の銀行マン１人が応対した。もちろんモデルハウスも設置した。

予定よりほぼ１ヵ月早く竣工。続々と入居者が荷物を運び入れ始める。竣工パーティーは17階を開放し、おおかた100人ほどの人が宴会に参加。例によって、女子衆３人も参加。Ｋ氏は感激をあらわにしてＴ社長らに礼を述べた。宴たけなわとなり、Ｋ氏の一本締めが最後に行われた。ついに夏美さんの夢が現実となった。

入居者は大事なお客様

契約時、入居後１年目とその後５年毎にお客様（顧客）満足度調査を行い、何か不満がある場合は改善するべく仕組みも取り入れている。今では、地域の名だたる空間として一目置かれている。夏美さんは決して自分だけの金儲けにはせず、毎年ユニセフや地域を始め、あらゆる機関に寄付金を送っておられるとのこと。これは10年ほどした後に聞いた話である。しかも、そのほとんどが匿名（とくめい）である。その後も夏美さんは分譲マンションを建設。そのつど17階にあるＴ社長の事務所を通じて企画・設計・施工を行っていた。今では、12棟のマンションを持つオーナーである。

１．商売繁盛、三方良し

高級料亭

料亭の女将京子さんの口添えもあったのだろう。料亭オープンから数ヵ月経ったある日、Ｔ社長の事務所に和服姿がよく似合うご夫婦と娘さんの３人が訪れ、いつも利用しているホテルにて面談。

京子さんの紹介状と名刺を添え、ご丁寧にお辞儀をされ、料亭の建て替えについて「ぜひとも、先生の手でお願いします」と言われ、Ｔ社長としては突然の仕事の依頼に戸惑いながらも嬉しい。

４日後、お店の休業日。現地に建築担当部長とともに伺い、寸法取り（主として敷地境界確認と既存建物の調査）などを済ませ、３人様の意図を尊重しながらスケッチブックで概略の構想図を描く。

「京子さんのお店と私どもの店は、バス停にすると６つ離れてはいるものの、組合を通じて仲良くさせてもろうてます。京子さんの目に適うお人なら、きっと良い店にしてもらえるものと思うております。どうぞよろしゅうに」

女将さんが京言葉を交えて述べられた。ご主人は板前なのか、ただただ頭を下げられるのみ。でも顔を見ていると親しみやすいような感じがする。自分の会社の技術者も同様、職人とはそういったものだと社長は心でつぶやく。

「竣工に合わせて、うちの娘とうちで板前修業の子との結婚式を行います。その節はどうか先生もご出席くださいませ」

婿養子としての先方のご両親も了解され、３男坊なので一向に構わないとのこと。

「仲人（なこうど）は、京子さんご夫妻にお願いしております。えらいけちくさいようどすけど、２人の結婚式と新しくできたお店の竣工式を兼ねて盛大にしとうございます。先生お一人やのうて、設計や工事に携われた方々も列席しとうくれやす」

「どうか、よろしゅうに」やっと口を開いた夫の板長さん。

以前、京子さんのときに携わったメンバーにより設計施工を実施し、３月31日に竣工。めでたし、めでたし!!

その後、同様の高級料亭や小料理屋など10件の依頼があり、当時はてんてこ舞いだったそうだ。

高級クラブとスナック

陽子さんはご多忙。地域のライオンズクラブの女性部長も引き受け、ゴルフにもよく行かれていた。ワンラウンド（１Ｒ）のスコアーは除夜の鐘、つまり108前後とのこと。遊ぶにはちょうど手頃なスコアーだと思う。一番楽しいときである。

陽子さんの高級クラブも順調である。超満員とはいかずとも、いつも空席は２割程度。よって順調とのこと。

ある日、Ｔ社長は陽子さんのクラブにＫ氏とともに久しぶりに寄ってみる。この日に限ってカウンター（10席）の３席が空いているのみ。これは大繁盛で結構なことだ。

「うわぁ……お久しぶり。ようこそお越しやす」とかなんとか挨拶をして、各テーブル席にもいそいそと回り、お客様へのご挨拶に忙しい陽子さん。

１時間ほど過ぎたころ、まるで引き潮のごとく客が腰を上げ始める。サインのみする人や現金払いで領収書を受け取る人などさまざま。客筋は良いほうだ。何しろここは本通りだから当然といえば当然だが。しかし全部が上客とはいえない。過去には何回か未払い客があり、その会社は倒産とか、部長は辞めており会社としては支払う必要がないとか、あるいは社長が亡くなり今は親会社から来られた人が社長をなさっているので……とかいって、支払いを拒む企業があったとのこと。

このようなときにＫ氏の子分がその強面（こわもて）で、取り立て屋として活躍するとのこと。

手数料は取り立て屋の場合２割。始末屋の場合は４割が相場。依頼人には損をさせないのがＫ氏のやり方。そのやり方とは、付け払い日から日数を計算し、税法すれすれの利息および足代として、日当・交通費を含めて相手からせしめる。相手は不満ながらも満額支払うようだ。言葉で恫喝するものの、暴力はもとより、机や椅子等を壊すような行為は一切しないのがＫちゃん流。Ｋ氏の組が他の組と違っているのは、いわゆる“みかじめ料”は店から一銭も戴かない。あくまで取り立て屋と始末屋のときだけお金を戴く。

そして、そのお金も前述のとおり、お店としての売上金には手を付けない仕組みとしているので店の評判も良く、本通りのほとんどを管理を任されている。本通りを使っていたお客といえども、人の噂（うわさ）はそれとなく全店に広まり、彼らはいわゆるブラックリスト。中通りか上本通りしか使用できなくなる。

話を元に戻そう。陽子ママがチーママの恵子を連れて、Ｔ社長とＫ氏の２人をボックス席へと席替えのために案内。

「先生、一度ゴルフに一緒に行きまへんか。この４人でプレーって楽しいやないの」
「いや、わしはゴルフは全くできん、Ｔちゃんと３人で行ったらどないや」
三度の飯よりゴルフ好きなＴ社長は、「よーし、そんなら次の火曜日エントリーするわ。私のメンバーである○○カントリークラブで楽しくプレーしましょう」
遊びのこととなれば、すぐに話がまとまるのは世の中の常識。Ｔ社長の家から歩いて10分の場所に○○カントリークラブがある。メンバーともなればゴルフ道具一式をロッカーに預けておけるので、散歩がてらにゴルフ場まで歩く。相手の２人はタクシーで到着。夜に見るのとは全く違う女性みたいだ。
２人はレディースティーよりちょこまかとプレー。Ｔ社長はメンバーなので、フルバックからのプレー。しかもノータッチ。彼女らはボール球を６センチ動かすことをOKとする。オフィシャル13のハンディのＴ社長は、彼女らのお守りをしながら、後続組に気をつかいながらのプレー。正直この一日はＴ社長も疲れた。それぞれプレーが終わり、ホールアウトしたとき、みはからったようにＫ氏がＴ社長らを迎える。
「ゴルフ場の風呂に一度入りたいと思って来たんや」
「Ｋちゃん、大丈夫かいな。まさか失礼やけど入れ墨してるんとちゃうか？」
思わずＴ社長が問うてみると、「入れ墨なんてチンピラや痩せ我慢しとる連中がするもんや。わしは、なあーんもしてへんから安心しといて。Ｔちゃんや他の人に何も迷惑かけんよってに、一緒に風呂に入れてえや」
「風呂上がりの一杯の生ビールはやっぱり旨い！」思わず４人

は同時に叫ぶ。ゴルフ場からの帰りは、1番手の子分の運転でそのまま店まで送ってもらい、再度乾杯。「おれもゴルフやってみたくなったぞ。Ｔちゃん教えてや」「了解、了解。時間を見つけて教えるわ」てなことを交え、たわいない雑談をした。

一区切りついた頃合いを見て、クラブのママの陽子がチーママの恵子とともに何かしらかしこまって、「先生、それにＫちゃん、恵子が突然店を辞めたいと言うんどすえ」

陽子ママが恵子に辞める訳をよくよく聞いたところ、うちの店のボーイとできていて、中通りか上通りでもいいので２人で独立したいという。

２人の根気に負けてしまって承諾はしたものの、独立するにあたっての資金はもとより目ぼしい店があるかなどを問うと、「居抜きのスナックが中通りに１店舗、上通りに改装を一通りしているのが１店舗ありました」と相棒のボーイが答えたとのこと。

翌週の昼間、ビルのオーナーに案内してもらい独立を目指す２人とＴ社長が店内の状況を確認。店内の広さ賃料など、２店舗ともほぼ変わらない。上通りは改装済とのことであったが、どこを改装したのか、あまり代わり映えがしない。収入のことも考慮すると、中通りの店舗が良い物件だと３人は結論づけ、万一別のオーナーが来られても大丈夫なように、ビルのオーナーの事務所で手付金200万円を入れ、賃貸借契約書を締結。一日も早く店を開きたいので、残金1,800万円と１ヵ月の前家賃をやがて夫となるボーイが支払う。

「店舗改装を先生のもとでお願いします。一日も早くオープンしたく存じます」と、えらくかしこまって頼む青年。若いっていいものだ。２人の想いを叶えるのも私の使命だとＴ社長は思う。

「意に応えるべく努力しましょう。貴方たち２人の門出にふさわしい店にしましょう。心をこめてやらせていただきます」

Ｔ社長からすれば我が子くらいの年嵩（としかさ）もない２人の要望に応えてやろうと決心し、わずか７日間で竣工。こういった水商売の場合、早朝から夕方と日曜日や祝祭日の24時間を使うのが施工のテクニックだ。何軒、何店舗も今までやってきたＴ氏の会社としては、十分慣れているスタッフばかりだからこそ叶えることができる。

陽子ママからは、さらに本通りにある別のクラブの改装を依頼され、都合４店をＴ氏の会社でやることになった。こうして次々と依頼されるそれらの仕事も難なくこなした。

仕事ってものは、追いかけまわして獲得できるものではない。どのような人であってもお付き合いをすること。任された仕事は依頼者の立場になって一生懸命、根気よく、これでもか……と思い、行うことにより、“お客様の要望以上のモノ創りを行う”のが重要である。ひいては大満足されたお客様ならいつの日か思い出してもらえ、仕事を紹介していただけることとなる。

私のポリシーである「真実、努力、責任」「人は宝、人は財産」「社会への貢献」を守り続けることにより、商売上手で商売繁盛三方良しとなるものだ。これはＴ社長とほぼ同様の理念だと思う。

Ｋちゃん、最後の願い叶えてあげよう

２人が初めて逢ってから12年目の新年。冷え冷えとする朝、玄関より表に出ると一面雪景色。ぶるぶると震える。郵便ポストには束になった年賀状。三束と少々。昔のことだからパソコンによる年賀状はない。せいぜい裏面の活字が印刷された程度。

ハガキの表は手書。年賀状の束から一枚、また一枚と読む。その中の一枚にＫ氏からの年賀ハガキ。表裏すべて自ら書いたのだろう。毛筆、実に心のこもった挨拶文は毎年感心する。

印刷でない、直筆（じきひつ）だ。初めて逢ってから５年ほど経ったとき、自宅の住所を互いに教えあった。今度の年賀状に追伸として“我が身勝手なお願いですが、15日にいつものホテルで二人っきりでお会いし、相談に乗ってほしいことがあるのでよろしく……”と記してある。

１月15日、午前９時に会う。あらかじめ予約していたのだろう。小さな会議室にホテルの方に案内していただき、部屋に入るとすでにＫ氏が下座の椅子に座り、うまそうにタバコを吸っている。実にうまそうだ。Ｔ社長も一服。デスクには水の入ったコップと灰皿が２人分ある。ボーイが来て注文を聞くので、Ｋ氏は朝からウイスキーを１本頼む。Ｔ社長はコーヒー。グラスに入れたウイスキーをストレートで一気に飲んで一息入れたあと、

「実は〇〇組を解散したいと考えているんやけど、解散後の子分や系列下の組員らの先行きについて先生の力を、いや知恵をもって指導してほしい。いつまでもこんな稼業をやっていては、世間様によく映らないし、われわれにとっても駄目だと思う。解散宣言はまだ彼らには言っていないが、どうかわしの想いを叶えてください」

いつもと違い、ずいぶんとかしこまって口上（こうじょう）めいた言葉遣いでＫ氏は話す。突然のこととはいえ、ここ数年のＫ氏の様子に以前のような勢いは見られない。

「しかしＫちゃん、本通り界隈（かいわい）で営んでいる夜の店は、Ｋちゃ

んの手が届かなくなったら、他の組が“待ってました”とばかりに入り込み、ある意味いやある目線から見ると、治安が悪くなる恐れがあると思う。やれ谷町とか、時によっては△△警察官のように代金を払わず、〇〇クラブのママは泣いていたんと違いますか。ママから聞いて、翌日にはＫちゃんが対応したからこそ問題が大きくならずに穏便に解決したことなどを考えてみると、この界隈は今までのように守ってあげることが大事だと思うがＫちゃんの意志は変らへんのか。それに、ほかの地域も含めて何箇所も今まで守ってきたやんか。守ってやりいな」

Ｋ氏は以前から言っていたいくつかの職業に、不動産業（宅地建物取引業）があった。そこで、Ｔ社長は提案。

「Ｋちゃんには“不動産業”がふさわしいよってに、宅建の資格を受験して合格し、いわゆる“宅建業”を開業したらええと思う。受験の仕方（合格のテクニック）を教えるわ」

少々思案をしていたが、Ｋ氏は受けることとなった。受かるための特訓の効果があったのか、一発で合格。今はどうか知らないが、当時は４択方式でたしか50問。わかる問題からまずマークシートに書き入れる。わからない問題はエイ、ヤ!!　で書き込めばいい。なお『不動産小六法』は試験場に持ち込み可能であった。間違えそうな問題は小六法を開き読むとおのずと答えが書いてある。これらのことをＫ氏は真面目に実践した結果、合格したのだろう。Ｔ社長はそう信じたい。

次に組の他の者には希望する職業を個別に聞いてみる。その結果、Ｔ氏が経営する５つの企業のうち、建設コンサルタントに勤めたい人物が３人。宅建業への希望が13人。土木建築の設計施工会社に28人。不動産管理会社に５人。測量会社には16

人。例の解体工事専門の会社には27人。警備保障会社に22人。Ｔ社長の運転手兼秘書兼用心棒に１人。親元に帰り、親の商売（飲食業、雑貨屋、漁業、山林業など）を見習いからやって親孝行したい……が47人。親分のもとで働きたいが１人。総勢143名。

それぞれの職業にふさわしい資格取得の教育に１年６ヵ月ほどかかったが、資格を得たのちＴ社長の知り合いの同業者などを含めて各社に受験させた。ただし、親の商売を継ぐ者は親元に帰して修業させ、今では全員が堅気（かたぎ）になった。

Ｋ氏は“宅建業”をビジネスとしたいとのことだったので、Ｔ社長の経営する不動産会社で約３ヵ月修業させ、その後、自分の店を持つこととなった。

Ｋ氏は“宅建業”の事務所を夏美さんの経営するマンションの１階にかまえ、オーナーとなる。夏美さんのマンションに事務所を置いた訳が後でわかった。想像はしていたがＫ氏と夏美さんがバツイチ同士で結婚したのだ。18階を２人の住いとし、昼間はそれぞれの得意とする業務を行い、毎日が楽しいとのこと。24歳も年下の夏美さん。親子ほど歳が離れてはいるものの、ある日訪問すると２人は実に仲が良く、何か若返ったようで、Ｔ社長はちょっとばかりうらやましく思った。

なお、本通りを始めとする各お店の未払い者の取り立て屋は、宅建業事務所の一部の仕事としてできる仕組みを教えたことにより、Ｋ氏はそつなく行っている。

そのＫ氏は一昨年あの世に行ったという。Ｔ社長は実に寂しい。Ｋ氏を取りまく女子衆３人を始め、さまざまな仕事、遊び、飲み食い、ゴルフ、時には花札なども、よくも気軽に互いに交流したものだと思う。さまざまな思い出が脳裏（のうり）をかけ巡る。

Ｋちゃんの故郷に埋葬されているお墓にお参りするたびに、なぜかしら良かったことのみを思い出すと同時に、もっともっと長生きしてもらいたかったのに……との思いにかられる。

Ｔ社長はいう。

「サラバ、友よ!!」と。

⑵　原因

ａ．人にはそれぞれ長所、短所が共存している。言い換えると、強み、弱みを持ち合わせている。

ｂ．登場人物はそれぞれ強みの部分、すなわち実力を発揮しているから成功し、成長しているものの、一方では弱みを隠そうと努力している。

ｃ．また、同業者や他の組織、あるいは他の人々から脅威にさらされ、戦々恐々としている。

ｄ．「強み・弱み・脅威・機会」の４つの要因を人間は耐え忍ぶために、他の人々との協調がなされてこそ一人前の人物といえる。これらの要素がストーリー（背景）からも判明する。

⑶　今後の対応策

ａ．他人の良いところを発見し、自分の弱点をカバーし合える友をより多くもつこと。

ｂ．個人および組織は「強み・弱み・脅威・機会」の４つの要因を分析すること。この分析をスワット分析という。

ｃ．スワット分析は、自ずから定めた節目ごとにレビューすること。

ｄ．分析の結果に基づき、方針・目的・目標を確立、実施し、達成状況を検証し、レビュー・妥当性確認を習慣づけること。継続的改善により、人や組織は成長し成功する。

ｅ．以上が無意識にできるならば、国際規格であるISOに対応は可能性大となる。

⑷　対応すべき国際規格

ISO9001：規格要求事項のすべてに該当する。すなわち、4.1～10.3に至る要求事項ならびに「付属書Ｂ（参考）品質マネジメントの原則」も考慮し、かつ理解を深めるために「付属書Ａ（参考）、新たな構造、用語及び概念の明確化」も活用するとよい。但し、業種によっては他のISO規格にも併用して対応することを推奨する。

⑸　教訓

ａ．義理と人情変らぬ今昔　ｂ．開き直れば勇気湧く

ｃ．一心不乱　ｄ．根競べ（こんくらべ）　ｅ．打てば響く

３、建設構造物、新造より補強を（寿命100年を目指す手法）

⑴　背景

ａ．高度経済成長期時代に建設されたさまざまな構造物の老朽化が急速に進んでいる。土木・建築などの構造物の点検補強補修により、構造物の寿命はやり方を間違わなければ50年から100年を超えることが可能である。

　ほとんど使われないような道路・橋・トンネルや建築物の新設は政権の人気とりに過ぎない。

モノを大切に使おうと思うならば老朽化構造物に関して総点検をして、延命を促進することのほうが、新設よりもはるかに費用はかからないことをまず認識・自覚をしてみることが重要である。

b．道路橋（橋長15m以上）は全国で約15万7,000橋が架かっている。そのうち架橋50年以上経過しているのは約10％、さらに20年後には約50％の橋が50年を経過する。高速道路も当然含まれている。重量制限や通行止めなどの措置がとられている橋梁は2012年12月現在、1,379橋もある。

また、道路用トンネルを見ると約１万本が現存しているものの、20年後には約半分が建設されてから50年を超えることとなる（国交省の発表より）。

c．橋梁やトンネルなどの老朽化の原因は「鋼材の腐蝕」「車両の通行による疲労」「コンクリートの劣化」などが主たるものと考えられる。また、劣化現象や速度は立地条件（環境）および施工方法によっても相当異なる。

d．施工方法による間違い

①笹子トンネルの天井板崩落事故（山梨県の中央自動車道）

天井版を支えるために、トンネル本体の真上のボルトに接着剤を注入して施工していたとしても、土木技術者なら新工法を採用する場合、施工前に強度実験により耐荷力確認を行うのが常識である。しかし、強度確保実証実験はなされていないと思われる。※『「人災」の本質　災害・事故を防ぐ44の処方箋』参照

②３径間連続桁橋梁施工時に崩壊事故（関西地方）

鋼床板連続桁上の路面に相当するところにコンクリート打

設（幅員約20m）をしていたが、打設は片側から一方向に施工した。そのため、鋼床板は横方向にずれ現象を起こし、橋桁もろとも河川に落下。連続桁の場合にはとくに打設順序が重要である。施工業者の現場監督や現場代理人は施工順序に関して注意を怠ったものである。

③法面工事施工後１年で崩壊（京都府、某市内）

法面保護の防災施工に先立ち、某建設コンサルタントＡ社（東京本社）は、発注者の指示のとおり設計を行ったとのことであるが、道路公団から竣工後、地元の某市が（道路は市道のため）受け継いだ。その数ヵ月後、法面は崩落し道路は通行止め、河川の部分まで土砂、岩石、樹木などが滞積(たいせき)した大事件となった。

その後の設計は災害復旧という名目で、地元の建設コンサルタント（Ｂ社）が特命により受注した。当初の設計図書および関連資料を地元のＢ社は社長自ら現地調査を含め検証（レビュー）したところ、法面への斜めボーリング（地質調査）は公団の設計仕様内訳書には全くなく、かつＡ社はその事実を公団に一切提案することなく設計されていた。

Ａ社の設計図書に施工業者も斜めボーリング調査がないことに気づかなかったのか、あるいは提案したにもかかわらず採用されなかったのか不明のまま施工されていた。

Ｂ社は現地測量、崩落量積算、斜めボーリングならびに崩壊の恐れのある山林付近を含め約20箇所のボーリング調査をし、特殊アンカーを打つ、防災設計を行った。Ｂ社はコンサルタント委託費用として約3,000万円を要したものの某市は承認。

施工はＡ社が適切であると思われる地元業者（複数）を推

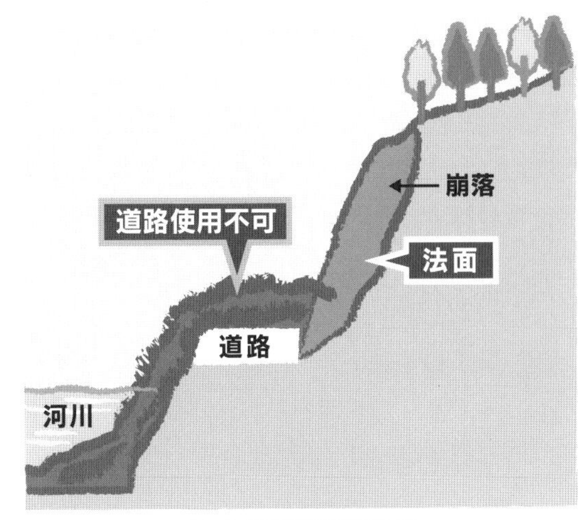

図13 崩落現場断面略図

奨。そのうち１社が施工を担当。施工監理はＢ社が常駐監理のもとに実施され、その後、今日に至るまで一切の土砂崩れなどは発生していない。

復旧し、竣工後に間接的に私が聞いたことの中で「Ａ社の会社は一括丸投げで下請の建設コンサルタントに発注しており、公団も暗黙の了解を得ていた」とのことを知り、唖然（あぜん）とした。

④橋梁を下から観察すると危険がいっぱいある事実

土木技術者の一人でもある私は、時々ではあるが散歩がてらに河川敷に降り、橋梁を見る機会がある。読者も一度は下から橋梁をよく見ると明白である。さて、さまざまな都道府県に出張の多い私は、時間に都合がつく範囲で橋の下から観察する。驚くなかれコンクリートは剝（は）がれ、鉄筋は錆びていたりひどい所には垂（た）れ下がっているような、さまざまな異変が多数あることがわかった。

⑤橋梁現状調査で感謝されかつ受注

奈良県某市に対して営業し、あわよくば受注へつなげるために私と社員は某市に架かる橋梁の現状調査を当初無報酬（後で受注につながり感謝状もいただく）で実施。

全市内の橋梁は約30橋を対象にランク付けを以下のとおり区分し実態調査と現住民の聞き取り調査を実施。

ランクＡ：現状維持で十分である。ただし、架橋して10年が経過しているので約40年後には改修の必要性もある。

ランクＢ：橋梁本体は現状維持で良いものの、交通車輌および人の通行者も多いので橋の両サイドはバチ型にし、改良が必要である。

ランクＣ：橋梁本体およびエキスパンションや橋梁下側にコンクリート崩落および鉄筋に錆があるため部分的に補修工事を施す必要がある。

ランクＤ：現在、通行禁止の立看板があり少しばかり橋梁部に入って確かめてみるとやはり大変で崩壊寸前、いつ落橋してもおかしくはない。

カメラ・ノート・測量機器など現地調査の７つ道具を２人は携えて、市全域に架かっている橋梁の状況を調査。調査結果をＡ～Ｄランクに区分し報告書としてまとめ、市の建設部長の席へ行き、「当社でまとめました。市内全域の橋梁実態報告書です。どうぞお使い下さい」と言ってその場を去り、建設担当助役と契約課課長にも同様に手渡す。

報告書を提出後、10日ほど過ぎた土曜日に同市地元の某議員から一本の電話。「一時も早くお会いしたい」とのことだったので、午後３時ごろ、指定された場所に行ったところ（“通行禁止”の橋が指定された場所）、調査時に面談した60歳前後のご夫婦と某議員が待っておられ、近場の軽食喫茶店に誘われるがままに到着（同店は某議員の奥様がオーナー）。

話を聞くと、「この橋梁実態報告書は契約課長（某議員の次男）より拝借したものだが、私の議員活動にぜひ使わせてほしい」との主旨であった。「地元に役立つことならどうぞお使い下さい」と返答。

建設部長から３ヵ月後、「社長さん、ご多忙かと存じますが来週月曜日９時に本市の都合上、ぜひご来庁願います」との電話があった。役所の方にこれほどへりくだった言葉を受けたのは自営をやってこのかた初めて。よほど緊急を要する事態があるのだろう。かたやあつかましく橋梁実態報告書を渡したことの効果がもしかしてあったのだろうか。某市会議員に報告書が渡ったことや、地元住民にお会いしたことが何か不愉快でもあったのか……など、プラス面と一抹の不安が交差するまま市役所に到着。

前もって準備されていたと思われる雰囲気がジーンと心に響いてくる。市長会議室に案内され入室すると、そこには市長、助役（２人）、建設部長、契約課長および某議員、それに議長の他２人、都合９名の方々が着席されていた。それぞれのデスクの上には橋梁実態報告書が置かれていた。

９名を代表してなのかそれはわからないが、市長自ら「この度は市のため、市民のために大変貴重な報告書をいただきありがとう」などとそれぞれの方が一言述べられた後、「橋梁に関する実態調査業務委託費として300万円で貴社と契約をしたい」と契約課長からお言葉をいただいた。その後、使用禁止の橋梁の撤去方法、同新設橋梁の予備設計、同詳細設計委託業務を続けざまに特命された。

さらに、当市のバイパス道路、立体高架橋設計などと多くの委託業務契約に至った。ここで私が言いたいのは私の理念とする「真実・努力・責任」「人は宝、人は財産」「社会への貢献」たる信念が人々の心を動かした事実である。

⑥書類一式を忘れて大失敗、されど日頃の交流で救われる

指名競争入札のために、前記⑤にある某市に自宅から出発。必要書類一式をカバンに入れ市役所に指定時間の１時間前に到着。念のためカバンに入れた必要書類などを確認したところ、翌日行われる別県の書類が入っており、某市のものがまったく入っていない。入れ間違ったのだ。思案（しあん）をしても仕方がない。意を決して契約課長の室へと訪問。事情をありのままに話したところ課長は一時ほど考え、にやりと笑ってその後すぐにどこかに電話。たぶん相当地位の高い人に伺っていたのだろう。「白紙の用紙と封筒を渡すから、金額と社長名のみ用紙に書き封筒には社名のみ記入して入札箱に投函しなさい。ただし、用紙は１枚のみだから失敗のないように」と述べられ、「ちょっとトイレに行ってくるからね」と言いながら課長のデスクに用紙と封筒、そして予定価格が記載された紙面を人差し指で示して去られた。（昨今ではそうはいかないが…）

常日頃、訪問する際、課長席に向かい挨拶を一度たりとも欠かさず実行したことと、前記の橋梁実態調査報告書が某市に役立ったお陰だったのかと感謝感激!!

予定価格ギリギリで記載せよとの示唆と思い、千円代まで記載されていたので白紙用紙には万円止めにて記入し投函。当然後日には契約書とともに正式な様式と差し替えた。

ここで、もう一つ大事なのはお役所といえども「人」である。そこそこの大きな役所は受付がある（民間の場合もある）。毎回ではないが受付の人と仲良しになることだ。そのために、ほんの少々の（現在の金額にすると500円くらい）手土産を名刺とともにさりげなく渡すと相手は自分のことを覚えてくれるものだ。そうすることにより、情報入手や面会相手に快くとりついでいただける。営業テクニックの一つといえる。

(2)　原因

ａ．インフラは保守点検を行っていれば半永久的に使用可能であるという思いがある。

ｂ．新しい工法を選択する場合、実証実験を必要とするが、発注者、設計者、施工者も気づいていない。

ｃ．既存の構造物に対する検査手法は、その構造物に見合った検査を必要とするものの適切になされた気配がない。

ｄ．鉄筋およびコンクリートの特性を知り尽くしていないため、形だけの検査となっている傾向が多い。

ｅ．現場で働く人々は、それぞれの工程に見合った有資格者が配置されたのか疑問。

ｆ．発注者は検査を厳密に実施するための十分な費用を検査業者に渡すことをしていない。

ｇ．業者への請負や委託に際し、発注者がバブル崩壊後、最低制限価格を公表していることに問題がある。安かろう悪かろうの悪循環を招いているがゆえに適切な検査ができていない。

h．打音検査や目視検査で、構造物の内部疲労現象は発見不可能なことを知るべきである。

i．既存構造物寿命を延ばすための維持保守費用を行政は十分充当していない。

(3) 今後の対応策

a．新工法を採用する場合、材料実験、テストピース、破壊試験、疲労試験、縮小した実物を造り破壊実験など（引張り、圧縮、曲げなども含む）、接着系アンカーを導入するに当たり各種試験をすること。

「建築分野では構造にかかわる部分には使用が認められていない。土木分野においては認否基準が定められていない。」よって、各種試験を実施して確たる安全を確保することが必修事項とすることが重要である。

b．事故や事件は忘れられたころにいつ起こるかもわからない。いや起こっても不思議ではない。人の命と一緒である。永久に構造物は安全だと思う「神話」をなくし、維持・保守・点検などを十分に行うこと。

c．コンクリートや鉄筋の劣化疲労が進んでいることを自覚し、寿命を延ばすべき。

d．新しく創るよりも、効果的・効率的で有効性のある維持管理を実施することのほうが、費用対効果を考慮するとはるかに安くなる。

e．前政権時「コンクリートから人へ」とか「高速道路無料化や1,000円で走り放題」、さらに、ほぼできあがっていたダムの「建設中止」をキャッチフレーズにしていたが、既存構造物に対応する自覚が全くなかったのは残念である。この失敗を教訓とし「構造物の延命」のために法整備と費用が地方行政にも行き渡るようにすることも重要である。

ｆ．社会への貢献を重んずるならば、構造物実態調査を無料で実施する有資格の技術者が一人でも多く参画されることを期待する。

⑷　対応すべき国際規格

ISO9001

4.2 利害関係者のニーズ及び期待の理解

5.1 リーダーシップ及びコミットメント

5.3 組織の役割、責任及び権限

6.1 リスク及び機会への取り組み　7.1.3 インフラストラクチャー

7.1.4 プロセスの運用に関する環境

7.1.5 監視用及び測定用の資源

8.3 製品及びサービスの設計・開発　9.1.2 顧客満足

10.2 不適合及び是正処置　10.3 継続的改善

⑸　教訓

ａ．雪中（せっちゅう）のたけのこ　ｂ．創意工夫は究極の絆

ｃ．縦横無尽（じゅうおうむじん）の改善・改革　ｄ．想定外は言い逃れ

４、お金のない者からは取れない

(1) 背景

ａ．Ａ氏は賃貸マンションを４戸所有。いわゆるマンションの賃貸料として入る収入と年金および企業の顧問料など合わせて年収約800万円の所得をもって夫婦仲良く日々暮らしている（いや、暮らしていたと言うほうが正しい）。賃貸マンションのうち１箇所は2005年３月１日より不動産管理会社（宅地建物取引業者）に一括管理として委託している。総合病院、ショッピング、交通機関、周辺の環境、角部屋である。またこの物件は三方にベランダがあり、いわゆる風光明媚（めいび）で人気抜群!!

最初の入居者は管理会社にＡ氏が委託して１週間後、大変お気に入りであった入居者Ｂさんは、その後老人ホームに入り介護も必要となり退去。

ｂ．その後、Ａ氏はリフォームも同様に賃貸依頼をし、借主Ｃ氏は業者に案内され即決即断し入居。他の賃貸借契約書と同様に物件説明後、契約し入居。契約は２年毎に更新。保証人２名および保証会社もつけて2007年３月10日に敷金・礼金・賃料・共益費を合わせて498,900円を支払われ無事入居。Ｃ氏は１人で入居。入居の動機は持病があるようで総合病院がゆっくり歩いても徒歩２分たらずのことが気に入って今すぐにでも入居したいとのことだった。

ｃ．さて、ここから問題発生が続き、終いに裁判にまでなった事実を述べる。契約書には翌月の賃料と共益費を含め98,900円を前月末日までに貸主に支払う（金融機関に振り込む条件明記有）こととなっているものの、2012年12月入金後、毎月遅れて振り込まれたり、はては保証会社が借主に代わり家主に支払うことも３度ばかり続く。借主Ｃ氏は立て替え払いをされた保証会社に返済するのが常識なのに、家主側の口座にその代金を振り込まれた。Ｃ氏は「保証会社に支払う必要はない!!」との変な理屈を言い、家主も困ったことに、受け取った金銭を保証会社に振り込まなくてはならず、手間（時間）と振込手数料も家主が支払うこととなった。

ｄ．一度たりとも契約書通りに振り込まれたためしがないＣ氏の本音はどのようになっているのか不可思議。

ｅ．Ａ氏が当初（2005年）委任していた不動産管理会社は2011年３月31日をもって会社を閉鎖。この会社のあとを別のＭ不動産会社と一括管理委任契約を結んで2011年５月１日より委託。したがって、空白の１ヵ月は家主が直接管理をしていた。ここからがまたまた大変!!

ｆ．Ｃ氏は、入居の意志を喜んではいたものの、第２回更新契約を一向にしようとする姿勢はなく、その理由は「私はＭ不動産会社と契約する必要はない!!」「入居に際し、滋賀県から引越し、仮住いのため京都都ホテルで宿泊し、その費用は約200万円かかったので、それをＡ氏は負担せよ」とのこと。Ａ氏は、当都ホテルに確かめたところ、「たしかに宿泊していた様子だったが200万円も支払ってはいません。万一裁判になればその証拠資料をもって裁判所で説明します」との事実をＡ氏は確認。

　また、Ｃ氏を斡旋したＮ不動産会社にＡ氏が確認したところ、待機してほしいなんて一切言ったことがないことも確認。さらに、ここからがもっとひどい、いわばいいがかりが始まる。

　入居に際し、物件をＣ氏はＮ社とＭ社の立ち会いのもと、納得していたにもかかわらず「チャイム・照明器具・洗面所・トイレ・風呂場・フローリング・和室・キッチン・押入れなど一切改装していない」。よって「全部貸主は修理せよ」。万一、貸主が修理しない場合は「こちら（C、M）で修理し、その代金を請求する」などなど、まるで恐喝まがいの文書をA氏のもとへ送ってくるありさま。

上記のさまざまな修理改装については、貸主はC氏の入居前におおよそ30万円をかけてリフォームをしているにもかかわらず、このような文面をもって苦情を一方的に送ってきた。

しかしながら「チャイム」の修理は貸主として故障の事実であるならば貸主の責務として取り替えをする。この「チャイム」の取り替え一つを行うに際し、O電化製品業者が５回も足を運び、ようやく応答があり無事取り替え完了。

g．またまた、C氏のウソがバレた事実を述べる。C氏は「保証人も用意しいつでも契約できるようにしているにもかかわらず、一向にM社が来ないのはなんなんだ!!」との脅しの文書があるものの、M社の担当者が十数回訪問しても会おうともせず応答もない。文書を郵便受け箱に毎回入れたりもしたが、なんら返答も契約もしようとしない。

契約ができない事実は、すでにM社担当者が最初の契約時および第１回目の更新契約時の各保証人に問い合わせたところ「あんなC氏の保証人なんて今後一切したくない」など不満タラタラ。その保証人のうち、C氏の実の息子と思われる人は「あんな変人とは今後もつき合いたくもないし、まして保証人なんてとんでもない。よって、今後、申し訳ありませんがM社さん、電話もしていただきたくないのでよろしく」とのこと。

h．以上のようなことの繰り返しではどうしようもない。遅れ遅れの家賃の支払いはあれど、その代金は６ヵ月も遅れて支払っているありさま。もう貸主としても限界、そこでM社紹介の弁護士にA氏は委託し、裁判に取り組み開始。地方裁判所でたしか３回開廷された。その都度弁護士はA氏に報告あり。その報告書の内容を読むと、C氏側は弁護士をたてず、C氏本人とC氏の会社の社員と称する人物２人が来ていた様子。

地方裁判所の裁判官は「このフローリングの傷を見つけた状況写真は、何年何月頃の写真ですか」と質問したところ、C氏は「2012年９月頃です」との答弁。裁判官は「本当に2012年９月頃の証拠写真ですね。間違いありませんね」と質問されると、C氏は「間違いありません」と応答。この応答が決めてとなる。

i．裁判官ってうまい言葉でもって質問されたなぁと、M社担当者も貸主のA氏も感心。人間ってウソばかりついていると、どこかでボロがでるものなんだ。ついうっかりとC氏は本音の年月を言ったばかりにA氏側の勝訴となった。

j．ところがC氏は厚かましくも、いやしつこいのかなんだかわからないが、大阪高裁に直訴（じきそ）。直訴をC氏はしたものの、C氏の住所不明のまま書面提出。これでは連絡も取れないため、大阪高裁は京都地裁を通じてC氏に連絡を（おそらく電話だと思う）とり、再提出を要求。それに応じてC氏が提出した書面にも住所など連絡先は無記入。しかも、大阪高裁に２回ともC氏は出席せず。よって大阪高裁は却下となり、A氏は勝訴となる。

k．さてここからは、京都地裁の執行官の出番。C氏の住んでいる賃貸マンションから３ヵ月後まで退去命令を通告し、その期日が来てM不動産会社も執行官と一緒にC氏の居住マンションを訪ね、室内に入り「○年○月○日までに家財道具等をＣ氏の責任により退出しなさい」と、時代劇風に言うならば大岡越前や、水戸光圀などの裁きをテキパキとされた。一応、しぶしぶ退去したものの最後のＣ氏の言葉に執行官は激怒!!　Ｃ氏は「近所や知り合いに“顔向けができない”“かっこ悪い”」と呟いた。この言葉に対して、執行官は「何だその言葉は!!　このような事態になったのは、あなたがまいた原因ではないか!!」「申し訳ありませんと言うのが常識（良識）のある人間の言葉ということを知らないのか」と言ったようだ。「言ったようだ」と表現したのは、M社担当者から貸主Ａ氏が退居後、リフォームに先立ち現地立ち合いした際に聞かされた。なお、執行官は「残してある品物はこちらで（Ａ氏負担）処分していいですね」と確認した。

l．さて、やっと退去した後のリフォームに取りかかる。M社はＡ氏に見積をし、リフォームを開始。たぶん下請にリフォームさせたのか、リフォームが終わったのでＡ氏立ち合いで確認をしたものの和室の押し入れ、洗面所、キッチンの水道蛇口の３箇所に不備を指摘。一体全体M社なる不動産屋は何をもって検証確認をしているのか？　まるで他人事（ひとごと）のような傍観者にすぎない姿勢にＡ氏はガックリ。リフォームに必要とした費用は約35万円もかかった。いくらひどい使い方と言えども、不動産会社としての誠意がうかがえないのは残念。

「お客様を大切にする」マネジメント力にはなはだ乏しいのではないか。

m．弁護士費用の疑問

さて、今度の事件処理に際し、弁護士費用は約50万円を要した。最後にＡ氏にFAXで送られてきた報告書および清算書を読むと、かなり矛盾（むじゅん）を感じたＡ氏は、一体弁護士ってこんな程度の節度しかないのかガッカリ。報告書では「Ｃ氏からは未納金（家賃）や費用弁済は到底無理だろう」との主旨が記述されていた。

また、弁護費用の清算書が送られてきたが、その中味を読むと、2013年４月27日に支払った262,500円に対して“交通費、電話代”が書かれているのみで、弁護士費用についてはなんら記載されていなかった。疑問をいだいたＡ氏はM社担当者にその旨伝えたところ、弁護士からＣ氏への費用弁済については交通、通信費を追加でＡ氏が負担してもらえるなら行動するような主旨が書面（確かFAX）でＡ氏のもとに届いた。

ということは、弁護士費用（主として人件費）に「Ａ氏に返済すべき代金がありますよ」とのニュアンスがうかがえる。弁護士には透明性がまったく見えてこないことは残念である。

ｎ．ないものから取れない

昔からの諺にあるように、お金のない者、支払う意志のない人物からは取り立てることはできないことをＡ氏は実体験された。Ａ氏は最後に次のようなことを呟（つぶや）かれた。

・一人者に貸してはならない（とくに高齢者の一人者はさまざまな問題をかかえている恐れがある）。
・不動産業の経験者や弁護士に貸してはならない。
・賃貸よりも、売却物件を推奨する（賃貸はモメゴトのもととなるので）。

などなど以上の他多く聞かされ、教訓となったとの話。

⑵　原因

背景の中に原因も記述されているので省略するものの、以下の事項を注目されるとよい。

注記１：昔から言われている言葉に「貸した金は返らない」とか「お金のない者から取れない」があり、「騙すより騙される方が良人」「悪人はいつか滅びる」。
注記２：不動産を貸す場合、宅地建物取引業業界の不文律あるいは「宅地建物取引主任者」や「同業を営んでいる人物」には要注意。

本件は「注記２」に該当する。

⑶　今後の対応策

今回の事実を教訓として、オーナーは仲介業者から借主の紹介があっても「背景」および「原因」の文章を参考に、借主を選択することが肝要である。

⑷　対応すべき国際規格

ISO9001

4.2 利害関係者のニーズ及び期待の理解
6.1 リスク及び機会への取り組み
8.4.2 外部からの提供の管理の方式及び程度
8.5.1 製造及びサービス提供の管理　8.5.5 引渡し後の活動

⑸　教訓

ａ．宅建業資格に貸借してはならず

ｂ．ひとを見抜くコツを覚え　ｃ．弁護士を弁護する弁護士
ｄ．はためいわく　ｅ．あり得ないこともあり得る
ｆ．悪銭身につかず　ｇ．悪人はやがては滅びる

５、徳島県建設業社長激怒

(1) 背景

今から16年程前のISO事件

ａ．Ｔ土木工事業者は官公庁及び民間の仕事を請負い10人ほどの小規模人員すなわち「少数精鋭」により業務を行っていた。しかしながら、1994年ごろから主として官公庁は国際規格である「ISO9001」の認証取得登録がないと指名競争入札、ときには一般競争入札に参加（指名）できなくなってきた。

さらに、ISO9001登録をしている業者には経審の加算点として３点を得ることもあることを社長は知り、どのような伝（つて）かは知らないが、関西の公認会計事務所（以下Ｏ社という）と約600万円の大金（当時の相場は400～500万円）をもってISO9001：2000（以下QMSという）の認証取得のために、コンサルタント契約をした。着手金として契約時に200万円をＯ社に支払った。Ｏ社以外に他社から見積もりを取らなかったのは、Ｔ社の社長は男気があるのか、あるいはＯ社は税理に強い業者なので安心されたのであろうと私は想像するしかない（私どもなら「ISO9001」のみ、すなわち１アイテム〈１規格〉の場合、300万円程度あれば十分に対応できるのに、と一人愚痴ていたのだが……）。

b．Ｔ社の社長は一見強面の容姿だが、話してみると心はきれいで、人格も品格もふさわしい人だと私は思う（「私は思う」と表現したのは、私ともう一人とともに審査に行ったときの本音だからだ）。Ｏ社の職員の言われるままにISOに取り組まれたのだろう。以下にＯ社職員の対応に関して述べてみる。

c．Ｏ社職員は

①ISOのための部屋を造ること
②ISO委員会を設けなさい
③ISO専用の本棚を購入しなさい
④部屋の中にはデスクも入れなさい
⑤ドキュメントファイルを少なくとも22冊買いなさい
等々を要求。

規格の要求事項には、前記のようなことは一切要求されていないにもかかわらず、要求するＯ社職員の知識（能力）を疑うところだが、Ｔ社の社長は何もわからないので言われるままに従い、約200万円をかけて完備された。

d．品質マニュアル（下位文書含む）作成始まる

QMSの要求事項に従い、Ｏ社職員は１次文書（マニュアル）、２次文書（規定）、３次文書（帳票様式）を文書化した。１次文書は約40頁、２次文書は22の規定、３次文書の帳票様式は44枚。すべてＡ４版用紙で１・２・３次文書の総頁は約150枚もあった。

e．予備審査に行く

現在は、第１段階審査（審査機関によっては表現が異なる）と称するが、当時は「予備審査」と称した。審査に際し、Ｋ氏（リーダー）とＳ氏（メンバー）の２人がＴ社に到着。

予備審査は、主として文書審査を行うものの、増築されたISO

のための部屋に入るなり、われわれ２人は唖然。Ｔ社の社長に今までの経過を審査開始前に（30分ほど余裕）書棚、事務所の状況、そして歩いて５分くらいのところにある重機等、資材置場等を視察するが、重機、車輛、資機材置場の敷地内は何も改良していない。資機材は乱雑極まりない状態。社長に聞いたところ、コンサルタントの職員は、ここの場所は一度も見にもきていないとのこと（予備審査といえども、登録審査に先立ち、十分コーチングをすることはコンサルタントの責務である）。

事務所に戻り、作成された文書類をわれわれ２人（審査チーム）は拝読するものの、ずいぶんと重複文書があり、わずか10人ほどの組織（何万人の組織であっても不要な文書）に対してこれでは何のためのISOなのか？　また、運用そのものが到底不可能だと社長は戸惑う様子（もちろん他の社員も同様）。いや、どうしていいのかさっぱりわからず、全役職員は本来の仕事とは別に、ISOの仕事を毎日やらないといけないと思うと心が休まらない……等々を我々に話した。

ｆ．リーダーの決断

予備審査の開始は９時ジャストから、審査計画書に基づき進行すべきところだが役職員の審査時間前の現状確認を踏まえ、前もって審査に携わる２人は外に出て、打ち合わせた結果を開始ミーティングの段階で「このような状況では、役職員、いや会社のために何も役立たないどころか会社の存続が危ぶまれます。よって本日の予備審査は中止します」とリーダーＫは言い、さらに「ついては、建設業界に少々弱いので、この業界に長く携わってこられ、またQMSに強いメンバーのＳ君に改めてコンサルタントをしてもらうほうが望ましいと判断しますが、社長さんいかかでしょうか。当然ながら、Ｓ君は審査員のメンバーから外し、私（リーダー）一人が後日改めて、予備審査および登録審査を実施したく存じます」

社長は「全く異存はありません。どうかよろしくご指導をお願いします」。

「Ｓ君しっかりとコンサルティングをして下さいね」とリーダーは言い、この日はリーダーは帰宅。当然ではあるが、この状況を審査機関に電話でもってリーダーのＫ氏及びメンバーのＳも報告し了承された。

Ｓ氏はそのまま残り、再構築に先立ち社長と数人の人々とおおむね２時間かけて打ち合わせを行う。

近くにあるホテルにその日は宿泊。夕食は、社長から「たっての願い」と言われ、全役職員と私は食事をともにする。「コミュニケーションが大事だし、われわれ一人ひとりの個性も知ってもらいたい」との主旨。さらに「コンサルティングの期間と費用の合意も今晩やって、明日からでも超特急でお願いしたい」などなど社長はひたすら話された。

超特急での理由は３ヵ月後に経審書類を役所に出さなくてはならないとのこと。

ｇ．30日間で文書化構築

「品質マニュアル」という表現を社長は「なんか難しく思うので工夫してもらえませんか」との意見あり。当然そのとおり、Ｓ氏はもとより組織にとって理解しやすい表現として「品質」の部分を「経営」とか「事業」「○○業」などとして組織の人々が使いやすく、日常管理すなわち常日頃の仕事で役立つような表現を文書化しているので全く苦にならない。たとえば「製品実現」は「工事施工」のように各プロセスに至り用語を換える。マニュアルの中に「用語変換表」を1枚加えておく、これらの作業日数は15日間のみ。

なぜなら、コンサルタントや審査員の人が運用する訳ではなく「組織の人々が運用するのだ」ということを考慮するのが、コンサルティングの役目であるから。また、マニュアルは要求事項を具体的に表現する必要があるにもかかわらず、O社のコンサルは、規格の要求事項のオウム返しに過ぎなかった。たとえば「全要員に周知徹底する」とか「○○文書を明確にし確定する」など、具現化されていなかった。2次文書の規定に、やっと具現化しているに過ぎなかった。だから、22もの規定を作らざるを得なかったのだろう。

“周知徹底、明確に、確実に……”の文言をどのようにするかをマニュアルに記すことで十分である。改善の結果、1・2・3次文書は以下のようにシンプルにまとめた。

1次文書の「事業マニュアル」は14頁（表紙とも）となったと同時に、規定類（22規定）の表現も「手順書」と表現し、「内部監査手順書」「不適合業務是正、予防処置手順書」の2つの手順書を図式化（可視化）によりわかりやすくした。したがって、2次文書は“A3判2枚”のみとした。

3次文書に相当する帳票様式はQMS導入以前に組織で使用されている様式のいくつかをそのまま活用し、仕組み上どうしても不足する事項に関して新しく作成した。たとえば「内部監査」「マネジメントレビュー」「是正処置」「予防処置」に関する様式を作成。同時に、手順書（2次文書）に表現していない部分を“帳票様式”のフォーマットの中に可視化することにより、運用の効率化を促した。

このようにして構築した文書類（１・２・３次文書のすべて）は、Ａ４判換算でわずか30枚（両面活用なら15枚にすぎない状態に大改造を行った）。

h．解説と内部監査員資格養成

①あっと驚く役職員（Ｓ氏も驚くのだが）。Ｏ社は完成したマニュアルの解説を内部監査員候補兼管理責任者、経理事務担当の女性１名ともう１名の内部監査員候補者（総務部長〈社長の奥様〉）、ならびに社長の３名に10時から17時の７時間（実質６時間）かけて指導したとのこと。

これじゃあ、理解もできないし運用には繋がらない。Ｓ氏なら解説は全役員対象にまる１日かけて行うし、他のコンサルタントもきっとそうだと思う。十分な解説をしなければ、のちのちの運用管理は到底不可能だし、第一QMSの効果的な活用は望めない。

つぎに、内部監査員資格養成の対象者の中に工事部の人が一人も入っておらず、製品実現・設計・開発など各プロセスに対する監査は不可能である。本来ならば、少なくとも総務部門および工事部門からそれぞれ１名を選出していただき指導するのが妥当である。

管理責任者は、どちらかの部門の内部監査員候補者が兼任しても、それは一向にかまわない。

②Ｓ氏は、社長の意向を考慮して、社長を含め全役職員10名の方々を内部監査員候補者として、延べ実質16時間かけて教育プランのもとで指導教育を行った。とくに工事部が平日は仕事で多忙だとのことだったので、土・日の２日間、近くのホ

テルの会議室で実施。幸い10名の方々は近くに住んでおられるとの報告もあったので、朝８時から始め、夜８時まで（２日目は夜10時まで）たっぷりと時間をかけて教育（３日目は祭日だったので、２日目を夜10時までとしてほしいとの社長の意向による）。

最終テストは90分をかけるとともに、プロセス毎に理解度テストを実施。各プロセス毎および最終テストの結果、最も良くできた人は女性の総務部長であった。管理責任者は全役職員が無記名で投票した結果、総務部長が就任。よくできた理由は、Ｓ氏が渡したサンプルに従ったので、「マニュアルのすべてを作成している内に認識理解もできました」と彼女は就任挨拶で語った。

なお、彼女の成績は100点満点で100点をゲット。点数が最も低い人でも81点あった。考える立場のＳ氏とて、総平均88点に満足。教えがいがあった。コンサルタントに携わった者として、コンサルタント冥利（みょうり）に尽きる。

ｉ．運用開始、予備審査なし、本審査のみ実施

社長の意向により、20日ほどかけて必要とする帳票様式を用いて運用記録をしていただく。当然、各プロセスを満足させることはもとより、臨時の内部監査およびトップマネジメントレビューなども実施。Ｓ氏が会社に出向いたのは1.5日のみ。部分的に表現方法や記録モレなどがあったのみでほぼ完璧。

通常、予備審査後２～３ヵ月後に本審査に入るのだが経審用に間に合わせるべく、予備審査は審査機関に断わり、本審査をかつてのリーダー１名に２日間で行ってもらう。２日目の終了ミーティングで主任審査員から審査結果報告書を会社は受領し、審査の報告を発表された。だが、報告書まとめに主任審査員が何か困った様子。Ｓ氏に相談したいことがあるとのことで、事務所の外に出て話を聞く。

主任審査員は「困ったことに、指摘事項が１件もない。指摘が全くなしの報告書を審査機関の本部に提出するのが本来であるが、本部担当者が疑わしく思うので、何か１件か２件を指摘事項（改善の機会）として記載させてほしい。その旨、あなたから社長に相談してくれませんか」と頼まれた。

社長にその旨伝えると「そらぁ、審査員の立場もあるよね。１件だけ“改善の機会”として挙げてください」「その１件は、社員に傷をつけるのは困るから社長の承認サインが“新規協力業者の評価報告書”になかったことにしてください」これで三方良し!!

ｊ．社長は激怒!!

さて、本審査（登録審査）の２日目の昼前に、以前のＯ社職員が会社に到着。「こんにちは、いかがですか。審査は終わりましたか」などと言いながら、いつもと変わらない姿で到着。社長には前もって「あまり感情を出さずに極普通に対応してくださいね」とＳ氏と主任審査員（リーダー）は注意していたものの、Ｏ社職員の言葉が終わると同時に「こら、どの面さげてここへ来たんだ。とっと今すぐ帰れ!!」と言った。根はおとなしく社員への気配りバツグン（周囲の住民の評判も良い）な人物ではあるものの、よほど腹の中、いや心を穏やかにすることができなかったのだろう。放って置けば、一触即発の恐れを感じ、社長をなだめにＳ氏は入る。

「社長の気持ちは、よくわかります。腹立たしい心情はそこまでにしてあとは、冷静に話してみませんか」
「ところで、O社職員さんはISOのことに関しどのように勉強し、理解しコンサルタントをされたのですか」
　彼いわく、「あるISOの本を買って、それに従ってコーチングしました」などくどくどと述べる始末。
「はっきり申し上げます。あなた方の指導はハチャメチャですね。“ISO委員会を作れ”とか“本棚を用意しなさい”とか“デスクやドキュメントファイルを買いなさい”さらに“ISOのための部屋を設けなさい”など、ずいぶんと勝手なことをこの会社に要求されましたよね」
「その事実は言いました」
「では、申し上げます。そのようなことをQMSのどこに要求事項として記述されていますか！　どこにもそのようなことは要求文書としては一切ありませんよね」
「勉強不足で申し訳ありません」
「また、マニュアルは要求事項のオウム返しで、何をどのようにするのかは文書になく、あえて言えば22規定にやっと記載されているだけですね。帳票様式の中には、たとえばQMS導入以前より使用されている会社の様式とだぶっている様式がかなりありますね」
「そうでしたか、私は知りませんでした。確認もせず進めた点をお詫びします」
「では、これら一連の不具合の事実を認めますね」
「認めます。申し訳ありません」……といった事柄をS氏とO社を代表して認められた。その間、社長は口をはさまずよく我慢されたと感心。

k．法的手段

社長の心は収まらず憤慨。「社長、よくこらえてくださったね。弁護士を介して相手に損害賠償を要求しますか」
「ぜひ、そうしてください。あなたのお知り合いの弁護士を紹介してください」
「ところで、契約書に記載されている金額は総額600万円で契約時にすでにお支払になった200万円、本審査終了時200万円、審査機関が発行される認証登録証受領時200万円とありますが、本日の本審査時終了時の200万円は振り込まれたのですか。あるいは本日小切手か現金でお渡しするのですか」
「契約時に支払った200万円は高い月謝だったが、あきらめます。というより取り返す訳にもいかないでしょう。本日の支払予定の200万円は支払うことはしません。もし可能ならば、当初の契約時の200万円の半額くらいは損害賠償代金として私どもの会社に取り返してもらえれば言うことはないのですが……」

このやり取りは、例のホテルで社長とＳ氏の相談。さっそく弁護士に依頼。弁護士費用がいくらかかったのか私は関与しなかった。結論から言うと、社長は正直な人柄ゆえに「増改築した部屋や備品は社員の休憩室や来客用に使います。２～３枚とはいえ、一部帳票様式と組織図および品質方針を使った事実は認めます」と弁護士なのか裁判のときに言われたのか今になっては覚えていないが、Ｏ社から100万円の返済振り込みがあったことを社長から聞いた。安堵（あんど）するＳ氏。

l．祝賀パーティー

当時、QMSやEMSなど「ISO〇〇取得祝賀会」などをよく企業は開催していた。ご多分に漏れず、本審査から２週間ほど経ったある大安の日曜日、近くのホテルで会社の関係者、協力会社そして県・市の役職者も招待され祝賀パーティーが開かれた。

社長はよほどうれしかったのか、Ｓ氏に「今までの経過とともに、ISOの必要性とコンサルタントの選び方、審査の手法などを約60分講話してほしい」との要望があり、約100人を前にお話しする機会を得た。

Ｓ氏は、参画した一人として心より喜ぶことができたのは、今でも宝だと思う。十数年ぶりになるが、この会社を訪問したいと思う。成長していることを期待。なお、Ｓ氏と交わしたコンサル料は総額300万円だったが、社長はたいそう感動され200万円を上乗せして500万円も戴いた。

200万円もの上乗せをそのまま戴く訳にはいかない。心が痛む。ならばと考えた末、認証取得のご祝儀として100万円を宴たけなわの際、社長に手渡す。少しは遠慮されたが「ありがとう!!

本当にありがとう!!」と言いながら、社長は笑顔、その目にはうっすらと涙が。

社長と友情は深くなり、１ヵ月後に同業者でQMS未取得の２企業をＳ氏にコンサルタントとして紹介され、約３ヵ月をかけ、QMS認証取得となった。これこそ今で言う「絆」であると思う。

(2)　原因

ａ．建設工事を施工する企業側は、官公庁の入札に先立ち、指名願いを提出する際、「ISO9001（QMS）を認証登録していること」。認証登録をしていると経審のポイント加算がされた。

ｂ．加算されるポイントは、たとえば土木の場合、一級土木施工管理技士１名の資格者で３ポイントであった。すなわち１名の有資格者を雇用するのと同等である。

ｃ．QMS以外にEMSも加えると６ポイントとなる。

ｄ．マニュアル（下位文書）を作成するには、素人では多少苦労がある。そこで、ISO関係のコンサルタントに依頼される。

ｅ．ところが、コンサルタントといってもピンからキリまであることを素人（企業）は判断できない。

ｆ．ISOのコンサルタントを行うためには「資格不要」が盲点である。不幸にも「キリ」のコンサルタント（ISOの知識と力量）と契約されたのがそもそもの不幸な事件となった。

⑶　今後の対応策

ａ．背景の記事にほとんど述べているので、これから国際規格（ISO）関連を「認証登録を目指す」あるいは「認証登録後の維持をサポートしてもらおう」と考える組織が選ぶべきは、少なくともISOの各規格の内部監査員や同管理責任者の経験を持っている人。

ｂ．できれば、ISOの各規格に対する審査員の資格を持っている人。

ｃ．さらに、業種・業態に精通された人、すなわち専門実務経験を持っている人。

ｄ．もっと欲を言えば、コンサルティングと主任審査員の経験を有する人。

ｅ．したがって、ａ～ｄを満たしている人を選び契約することが最も望ましい。

(4) 対応すべき国際規格

ａ．コンサルティングと言われる人は、業種・業態を熟知すると共に「ISO9001」の理解を深めなければならない。それと同時に、「ISO19011」及び「ISO / IEC17021シリーズ」も十分マスターしてから取り組むべきである。

ｂ．初めて「ISO9001」等の認証取得を目指す組織側は、「ISO」の要求事項はどのような内容であり、何を目指しているのかを事前に把握しておくべきだが、この件もコンサルティングの担当者は、組織の調査・分析（組織診断）などを行う義務がおおいにある。

ｃ．「ISO9001」においては、コンサルティング担当者（もしくは責任者）は、「ISO9001」で言われている「顧客満足」を忘れてはならない。

(5) 教訓

ａ．信じた私がバカを知る　ｂ．口車（くちぐるま）に乗るな

ｃ．失敗は成功のもと　ｄ．損して徳を得よ

ｅ．良人と四つに組む

参考図書

「標準化と品質管理」 ※月刊誌
「ISO/DIS9001：2015 品質マネジメントシステム－要求事項（英和対訳版）」
「ISO/DIS14001：2015　環境マネジメントシステム－要求事項及び利用の手引き（英和対訳版）」
「OHSAS18001：2007　労働安全衛生マネジメントシステム－要求事項」
「ISO/IEC27001：2013　情報セキュリティマネジメントシステム－要求事項」
「ISO22000：2005　食品安全マネジメントシステム－要求事項」
「ISO39001：2012　道路交通安全マネジメントシステム－要求事項」
（以上　日本規格協会）
『「人災」の本質　災害・事故を防ぐ44の処方箋』 他７冊
（山岡歳雄　万来舎）
『シリーズ〔ことわざに聞く〕③　家族とことわざ』
『シリーズ〔ことわざに聞く〕④　笑いとことわざ』
『シリーズ〔ことわざに聞く〕⑤　郷土とことわざ』
（以上共著、日本ことわざ文化学会、人間の科学新社）

おわりに

〔７つの思考〕

同時に「７つ」のことを「思考する力」は誰しも兼ね備えているが、この思考力を上手に出すか出さないかの差によって、人生が大きく変わる。限りなく新しいことを出せるか出せないかで、人はおおいに差がつく。出すか、出さないかはその人次第。脳は使えば使うほど活性化し、成長も成功もある。良きを学び、悪しきは反省のツールとして学ぶことにより人間の力量はますます伸びる。成長も成功も、視野と心を広く保つことによって成り立つものである。

人と人との繋がり、何かのきっかけにより縁と絆が生まれてくる。不思議なもので縁が強くなるとやがては円となり、商売にも役立つ。取引がすこぶる良く、相方の意図とすることがさらに「良い関係」となれば、他社を寄せつけない。いわば「球体的互恵関係」となる。

学ぶということはことさら良いことだ。学んで損した例はない。一部に悪いことを学んでいる族が存在するのは甚だ厄介。「良いこと」すなわち「自分や家族や組織そして社会のために役立つ事柄を学んでこそ良人といえる。

「歩み」という言葉は、含蓄に富む表現であり、「含蓄するところ大なり」ともいえる。「誠真実」に生き、成長・成功を成すためには限りない「努力」をいつも持続すること。自分の行動に対しては絶体的「責任」を確実に守ること。これこそ望まれる人間像である。

「失敗」に挫(くじ)けないで、「成長・成功」への道を「歩み続ける」、これとて人生において大事である。以上の表現は本書のタイトルをどのように決定すべきか、筆者段階で考えたことを文書化したものである。実に「7つ」のことがらを思考してみたのである。本のタイトルはいつも初校が出来上がった段階で編集担当者や出版社のしかるべき人との相談で決定する。今回もそうした。

〔編集・印刷・製本〕

本書の「編集・印刷・製本」を（株）マルワ（以下マルワ）様にお願いし、決定した経緯に関して少し述べてみる。

2013年6月11日マルワに訪問視察。鳥原久資社長及び石井浩総務部チームリーダーと面談。その後、石井さんに社屋全体をご案内いただき、各部署の担当者にプロセスごとのセクションで取り組んでいる仕事の内容とISOに関する件も併せて質問。各部署の人々はすべて元気で働き、製品サービスの向上に対し真剣な姿勢である。こういう業界を全般的に視察し、適切な応答をうけたのは、ISOの仕事をするようになって初めてであった。

マルワは、ISO9001（品質）、ISO14001（環境）、ISO27001（情報）、すなわちQMS、EMS、ISMSの3つの国際規格を認証登録されている。それぞれの規格ごとに管理責任者が任命されている。管理責任者にすべてを任せている状態ではなく、運用管理は各自が自発的に対応している。

壁面などに貼り出されている各方針・目的・目標の内容は要求

事項を的格に表現し、各自がそれを守っている証拠として、前述のとおり各自が積極的であった。年４回、四季に合わせて「Printalk」と題する８頁の冊子を発行され、私にも毎号お送りいただいている。これは、社員全員が自発的に取り組んで作っているものだ。

2013年11月15日に「メッセナゴヤ2013」の会場に行き、他業種を含め、36社を訪問。マルワも出展。マルワのブースに行くと、社長もタイミングよくおられ、５人ほどのスタッフも、視察に来られた顧客にテキパキと応対していた。36社のうち、社長自ら対応されている企業は、２社のみであった。企業のトップセールスは何といっても効果抜群。とにかく来る顧客が多いことにビックリ!!

１回目に訪問した際に社長の著書『継続は力なり』を読み、私なりの感想と意見を文書化したペーパー（約80頁）を手渡すと同時に、発行ほやほやの拙著『「人災」の本質　災害・事故の44の処方箋』を社長に手渡す。

そして2014年８月６日に改めて訪問。私の一方的な訪問用件「QMS、EMS、ISMSに関する件と、今回執筆した原稿をマルワに依頼するための下打ち合わせ」の２件が主たる目的であった。

執筆した原稿は、最初は「印刷・製本」のみを依頼するつもりであったが、話をしていると書籍の制作も手がけており、デザインから編集まで出来るという。どうせならば私が気に入ったこのマルワでやってもらおうと思い、社長に話すと快く引き受けてくれた。

ただマルワは出版社ではないので書店との取り引きがなく、本を書店に並べられないという。

そこで前回『「人災」の本質』を快く引き受けてくださった万来舎に再度お任せすることにした。

いろいろ考えた末の決断だったがこうして立派な本となった。執筆に際し、多くの人にご協力をいただいた。この場を借りてお礼申し上げます。

著者プロフィール

山岡 歳雄（やまおか としお）

工学博士、QMSエキスパート審査員、QMS（品質）およびEMS（環境）、OHSAS（労働安全衛生）、各主任審査員。
にほんそうけんコンサルタント総括代表。（10人の相棒の代表）
1938年京都府生まれ。1963年関東学院大学工学部土木工学科卒業。
1994年5月よりISO関係専門コンサルタント（認証取得、維持改善、内部監査員資格取得等の教育指導）および経営コンサルタント（新規事業、人財育成、就職活動支援を中心に学生や企業への教育指導）。CPDS（継続的専門能力開発）教育など。
日本規格協会・日本品質管理学会・日本笑い学会・日本ことわざ文化学会・渋沢栄一記念財団等の会員。

〔著書〕
『人財力革命　躾と人財育成で、人も組織も大躍進』（2009年、文芸社）
『人財力革命Ⅱ　ルールとマナーで日本を活性化する！』（2010年、文芸社）
『知者は点ではなく　線で学ぶものである』（上／下）（2011年、文芸社）
『しんみなしせい　ひとみなえがお〔マネジメント編／ことわざ編〕』（2012年、文芸社）
『「人災」の本質　災害・事故を防ぐ44の処方箋』（2013年、万来舎）

〔主な共著〕
『シリーズ【ことわざに聞く】③　家族とことわざ』（2012年、人間の科学新社）
『シリーズ【ことわざに聞く】④　笑いとことわざ』（2013年、人間の科学新社）
『シリーズ【ことわざに聞く】⑤　郷土とことわざ』（2014年、人間の科学新社）

≪推薦者プロフィール≫

西岡 敬昭（にしおか たかあき）
1965年愛媛県生まれ。
1988年大阪経済大学経済学部経済学科卒業。
1988年地崎道路株式会社入社
現在 執行役員管理部長
１級建設業経理士
社内においてISO27001(ISMS)、ISO14001(EMS)の管理責任者を務める。

人は宝、人は財産　私のISO流儀

2015年5月3日　初版第1刷発行

著　書　山岡 歳雄
発行者　藤本 敏雄
発行所　有限会社万来舎
〒102-0072
東京都千代田区飯田橋2-1-4　九段セントラルビル803
TEL 03（5212）4455

印刷所　株式会社マルワ

ISBN978-4-901221-90-0